JUICE 주스

À LA CAMPAGNE

CONTENTS

주스, 손쉽게 즐기는 에너지 푸드입니다

인스턴트식품과 육류 등을 즐겨 먹는 현대인의 식습관에 꼭 필요한 게 채소와 과일입니다. 하지만 매일 꾸준히 챙겨 먹기란 쉽지 않지요. 그렇다면 집에 있는 제철 재료를 활용해 만드는 홈메이드 주스를 만들어보세요. 주스는 채소와 과일이 가진 신선한 맛과 영양을 쉽게 섭취할 수 있는 손쉬운 방법이기 때문입니다.

집에서 맛있는 주스를 만들려면 재료의 선택이 중요합니다. 본연의 맛과 영양을 온전히 지닌 신선한 재료로서 과일은 잘 익어 맛이 한창 오른 것이, 채소는 제철의 싱싱한 것이 좋지요.

아무리 몸에 좋은 주스라 해도 과정이 복잡하면 쉽게 만들 엄두가 나지 않고 맛이 없다면 선뜻 손이 가지 않죠. 이 책의 레시피는 쉽게 만들어 맛있게 즐기는 데 중점을 두었습니다. 과일과 채소를 뚝딱뚝딱 썰어 믹서에 넣고 휘리릭 갈아 마셨을 때 맛있고 기분 좋은 주스 100가지를 소개합니다. 한두 가지 과일에 채소까지 섞어 우리 몸에 이로운 주스를 실패하지 않고 맛있게 만드는 방법을 알려드립니다.

어떻게 조합해야 맛있는 주스가 되는지 고민했고, 영양 밸런스까지 생각했습니다. 또한 각 주스의 영양과 효능에 대한 식품영양학 이미남 교수의 도움말까지 첨부해 우리 가족의 입맛과 컨디션에 따라 골라 만들 수 있습니다. 착즙기는 전혀 사용하지 않고 믹서를 이용해 채소와 과일을 온전히 먹을 수 있게 한 영양 주스 레시피입니다. 주스는 맛있게 만드는 게 질리지 않고 꾸준히 오래 먹을 수 있는 노하우입니다.

책 속 레시피는 한 번에 부담 없이 마실 수 있게 완성 분량 250~500ml를 기준으로 했습니다. 또한 준비 재료의 분량을 한눈에 알아보기 쉽게 모든 재료를 사진으로 설명했습니다.

파트의 구성은 채소와 과일로 크게 분류한 다음, 특징이 비슷한 채소나 과일을 무리 지어 나누었습니다. 주스를 만들기 쉽게 재료의 특성에 대한 설명과 더불어 맛있는 주스를 만들기 위한 노하우, 영양에 대한 설명부터 시작합니다.

레시피의 분류는 주재료 하나와 서브가 되는 재료에 변화를 줘 한 가지 재료로 만들 수 있는 여러 가지 레시피를 제안했습니다. 예를 들어 주재료가 사과라면 사과로 만들 수 있는 몇 개의 주스 레시피를 만날 수 있습니다.

주스 활용 정보는 맛과 영양을 더하고 실패하지 않는 주스를 만들기 위한 노하우와 주스를 활용해 만들 수 있는 요리 몇 가지를 알려드립니다. 주스를 만들기 전에 꼭 한 번 읽어보세요.

01
VEGETABLE JUICE
채 소 로
만 드 는
주 스

부족한 비타민과 미네랄을 채우고 암 예방과 더불어 몸속의 독소를 배출하며, 다이어트와 피로 해소에 탁월한 채소를 쉽게 섭취하려면 주스가 해답이다. 하지만 채소의 맛과 향은 채소 주스에 대한 막연한 거부감을 일으키기도 한다. 궁합 좋은 과일 한두 가지를 더하면 맛뿐 아니라 영양까지 상승해 2배의 효과를 얻을 수 있다.

● 채소 주스 만드는 기본 방법 ※ p.23 '브로콜리 배 바나나 주스' 만드는 법을 기본으로 했습니다. 나머지 주스도 이와 같은 방법으로 만듭니다.

채소는 3~4㎝ 크기로 큼직하게 썬다.

브로콜리처럼 단단한 채소는 끓는 물에 살짝 데치고 찬물에 담가 식힌 뒤 종이 타월로 물기를 제거한다. 잎 채소처럼 단단하지 않은 채소는 데치는 과정을 생략한다.

수분이 많고 섬유질이 적은 과일부터 믹서에 넣는다.

그런 다음 섬유질이 많은 채소, 바나나처럼 수분이 거의 없는 과일 순으로 넣는다.

수분이 적어 믹서에 잘 갈리지 않으면 물을 넣어 수분을 보충한다.

과일은 큼직하게 썰어 씨와 껍질을 제거하고 믹서에 살기 좋게 2~3㎝ 크기로 사른나.

마나나처럼 과육이 무른 괴일은 큼직히게 손으로 뚝뚝 떼어낸다.

주스를 시원하게 즐기고 싶을 때는 얼음을 2~3 조각 넣는다.

믹서의 세기를 강하게 3~4회 돌려 재료를 어느 정도 간 다음 단번에 곱게 간다.

당근

특유의 향이 짙고 수분이 적은 당근은 새콤달콤한
과일과 함께 주스를 만들면 부드러운 맛을 더한다.
당근의 영양은 껍질에 많으므로 손질할 때 흙을
털어내 깨끗이 씻고 껍질을 벗기지 않은 채 먹는다.
당근은 익히면 생으로 섭취할 때보다 흡수율이
30~50% 정도 증가하므로 때에 따라 익혀서 주스를
만들어도 좋다.

● 주스의 농도 조절

수분이 많은 과일이나 시판 과일 주스를 첨가해 부족한
수분을 보충해야 믹서에 갈기 좋고 마시기도 좋다.

● 맛 내기 포인트

파인애플, 키위, 오렌지 등 새콤하면서 단맛이 많은
과일을 함께 넣거나 시판되는 100% 과일 주스를 더한다.
단맛이 적은 과일이나 채소를 넣을 때는 꿀을 약간
넣는다.

● 영양

당근에는 항산화제인 카로틴이 다른 녹황색 채소에 비해
무려 12배 이상 들어 있다. 카로틴은 발암물질과 독소를
제거하고 활성산소가 세포를 손상시키는 것을 방지한다.
비타민 A가 부족하면 암에 걸릴 확률이 높은데 당근은
비타민 A의 공급원이기도 하다. 매일 당근 주스를 반
잔씩 꾸준히 마시면 폐암 발병률이 절반으로 떨어진다는
연구 결과가 있다. 당근은 성질이 따뜻해 여름철 냉방병
예방에 좋고 혈액순환에도 도움이 된다.

당근 오렌지 주스

오렌지와 당근의 조화는 오렌지의 새콤한 맛을 부드럽게 하고 당근 특유의
맛과 향을 중화한다. 당근은 강판에 갈고 오렌지는 스퀴저로 짜내면 믹서에
가는 것보다 영양 손실이 적고 당근의 잘게 씹히는 맛을 살릴 수 있다.

당근 1/2개, 오렌지 2개, 얼음 적당량

420ml

- - - - -

01 당근은 깨끗이 씻어 강판에 곱게 간다.

02 오렌지는 반 잘라 스퀴저로 과즙을 짜고 남은 과육은 수저로 긁어낸다.

03 컵에 얼음을 담고 갈은 당근과 오렌지 과즙과 과육을 넣어 고루 섞는다.

+TIP

+ 스퀴저로 짜고 남은 오렌지 과육은 숟가락으로 발끔히 긁어낸다.

+ 당근을 강판에 갈면 믹서에 가는 것보다 입자가 굵어 적당히 씹는 맛이 있어 좋다.

NUTRITION

당근에 풍부한 비타민 A는 기관지를 튼튼하게 하고 시력을 높여주며, 오렌지에 풍부한
비타민 C는 면역력 증강에 도움이 된다. 흡연자에게 부족하기 쉬운 비타민을 채워주기 좋은 주스다.

당근 양상추 사과 주스

당근은 사과와 맛의 궁합이 좋아 주스를 만들 때 사과를 많이 활용한다. 여기에 양상추 잎을 더하면 신선함을
한층 살릴 수 있다. 사과 대신 사과 주스를 사용해 단맛을 더하면 당근을 싫어하는 사람이 마시기에도 부담스럽지 않다.

당근 ½개, 양상추 잎 1장, 시판 100% 사과 주스 1컵, 얼음 1~2개

300ml

01 당근은 깨끗이 씻어 채칼을 이용해 채 썬다.

02 양상추 잎은 길게 4등분을 해 듬성듬성 썬다.

03 믹서에 당근과 양상추 잎, 얼음을 넣고 사과 주스를 부어 곱게 간다.

+TIP

+ 당근을 큼직하게 썰어 믹서에 갈면 시간도 오래 걸리고 곱게 갈리지 않는다.
  당근을 채칼로 쓱쓱 밀어 채 썰어 넣는 게 힘들이지 않고 곱게 갈 수 있는 방법이다.

+ 사과 주스 대신 사과를 넣으려면 사과 ½개를 준비해 씨를 제거하고 껍질째
  2cm 폭으로 썰어 넣고 물 ½컵을 넣으면 된다.

NUTRITION

붉은 색소인 기로틴을 함유한 당근과 단황색 사과는 심장과 비장에 좋은 상생 관계의 궁합이다.
여기에 수분이 많은 양상추를 더해 부더운 여름의 갈증 해소에도 좋은 음료기 된다.

당근 적양배추 파인애플 오렌지 주스

식감을 자극하는 예쁜 붉은색이며 파인애플과 오렌지가 당근의 맛을 중화시켜 누구나 좋아할 만한 주스다.
당근과 적양배추 모두 수분이 많지 않은 재료이므로 믹서에 물을 넣어야 잘 갈리고 부드럽게 마실 수 있다.

당근 · 오렌지 1/4개씩, 적양배추 잎 1장, 파인애플 링(두께 2cm) 1개,
물 1/2컵, 얼음 3개

300ml　오렌지 손질은 p.155 참조.

- - - - -

01 당근은 깨끗이 씻어 채칼을 이용해 채 썬다.

02 오렌지는 껍질을 씹어내고 빈 지른 뒤 씨를 발라낸다.

03 적양배추는 사방 1cm 정도 크기로 잘게 썬다.

04 파인애플은 2~3cm 정도 폭으로 썬다.

05 믹서에 파인애플과 오렌지를 먼저 넣고 당근과 적양배추를 넣은 뒤
물과 얼음을 넣어 곱게 간다.

+TIP

+ 채칼이 없을 때는 당근을 납작하게 썰어 채 썬다.
+ 재료의 수분만으로는 믹서에 잘 갈리지 않고 뇌식한 주스가 될 수 있으니 좀 디 부드럽게
　마시려면 물의 양을 조금 늘린다.

NUTRITION

비타민 U를 함유해 위를 보호하는 양배추, 단백질을 분해해 소화를 돕는 파인애플이 더해져
식사 후 마시면 소화에 노움을 수고 뒤가 좋지 않은 시감이 미시기에 좋나. 당근 의 비타민 A,
파인애플과 오렌지에 풍부하게 들어 있는 비타민 C까지 챙길 수 있어 원기 회복에도 도움을 준다.

당근 어린잎사과 주스
당근 토마토 키위 주스

당근 어린잎 사과 주스

당근 ½개, 어린잎 채소 ½팩, 시판 100% 사과 주스 1컵, 얼음 2개

350ml

- - - - -

01 당근은 깨끗이 씻어 채칼을 이용해 채 썬다.

02 어린잎 채소는 흐르는 물에 한 번 헹구고 물기를 턴다.

03 믹서에 당근과 어린잎 채소, 시판 사과 주스, 얼음을 넣어 곱게 간다.

어린잎 채소를 함께 넣어 주스를 만들면 비타민 C와 철분, 엽산 등의 영양소가 빠르게
침투해 혈액순환에 도움을 줘 몸이 더욱 가벼워진다.

당근 토마토 키위 주스

당근·토마토 ½개씩, 골드 키위 1개, 꿀 1작은술, 물 ¾컵

400ml **키위 손질**은 p.167 참조.

- - - - -

01 당근은 깨끗이 씻어 채칼을 이용해 채 썬다.

02 토마토는 꼭지를 제거한 뒤 세로로 3등분 하고 가로로 반 자른다.

03 골드 키위는 깨끗이 씻어 껍질을 벗기고 반 잘라 끝의 단단한 꼭지를
노려낸 뒤 한입 크기로 썬나.

04 믹서에 골드 키위와 토마토, 당근 순으로 넣고 물과 꿀을 넣어 곱게 간다.

카로틴이 풍부한 당근에 루틴, 리코펜 성분이 풍부해 항암 채소로 살 알려져 있는 토마토를 더하면
혈압을 내리고 혈관을 튼튼하게 하는 혈관 강화에도 좋은 건강 주스가 완성된다.

브로콜리 & 양배추

수분이 적고 향이 은은하며 풋내가 적어 주스를 만들면 채소를
싫어하는 사람도 부담 없이 마실 수 있다. 조직이 단단해
살짝 데쳐 주스를 만들어도 된다. 채소를 데치면 맛이 한결
부드러워지고 단맛도 더해진다.

● 주스의 농도 조절

브로콜리와 양배추로 주스를 만들면 다른 과일을 더하지 않아도
부담스럽지 않은 맛이 난다. 믹서에 갈 때 재료 자체에 수분이
부족하므로 수분을 더해야 하는데, 주스보다는 물을 넣는 게 좋다.

● 맛 내기 포인트

바나나, 배, 오렌지 등 부드러운 맛의 과일을 더하거나 과일이
부족할 때는 꿀과 새콤한 레몬을 살짝 더해 입맛을 돋운다.

● 영양

브로콜리 양배추의 변종인 브로콜리는 비타민 C 함유량이
레몬보다 2배 많으며 비타민 A와 칼륨, 칼슘, 인 등의 무기질도
시금치보다 풍부한 채소다. 철분도 다른 채소에 비해 많아
임산부에게도 좋다. 특히 항암 효과와 노화 억제, 면역력 강화 등
〈타임〉지가 선정한 10대 건강식품에 속할 만큼 영양가가 높다.
줄기 부분도 꽃봉오리 이상으로 영양가가 많아 함께 먹는 게 좋다.

양배추 비타민 U가 풍부해 위에 좋은 자연 강장제로 통한다. 특히
위궤양으로 고생하는 사람은 양배추 주스를 매일 마시면 효과를 볼
수 있다. 과음한 다음 날 양배추 주스를 마시면 갈증도 해소하고,
위도 보호할 수 있다.

● **브로콜리 손질법** ※ 이 책의 레시피에 사용한 브로콜리는 모두 1개에 350~360g짜리입니다.

브로콜리는 깨끗이 씻고 지저분한 밑동을 사른다.

기둥을 자르고 작은 송이를 잘라 나눈다.

송이가 큰 것은 반 자르고 기둥은 1~2cm 두께로 자른 뒤 다시 반 자른다.

끓는 물에 소금을 약간 넣고 1~2분 정도 데친다.

체로 건져내 재빨리 얼음물에 담가 식힌다.

물기를 털어 행주나 종이 타월로 감싸 물기를 뺀다.

브로콜리 배 바나나 주스

브로콜리에 부드러운 배와 바나나를 넣어 주스를 만들면 자극적이거나 신맛을 싫어하는 사람이 마시기도 좋으며
사과나 오렌지 등 당도가 높은 과일이 들어가지 않아 다이어트 주스로도 그만이다.

브로콜리 1/3개, 배 1/4개, 바나나 1개, 레몬즙 1큰술, 물 1/2컵, 얼음 2조각

500ml　　브로콜리 손질은 p.21 참조.

01 브로콜리는 기둥을 작게 자르고 작은 송이로 나눈 뒤 끓는 물에 소금을 약간
넣어 1~2분 정도 데친다. 얼음물에 담가 식히고 종이 타월로 감싸 물기를 뺀다.

02 배는 길게 반으로 잘라 가운데 씨를 제거한 뒤 껍질을 벗겨
2~3cm 두께로 썬다.

03 믹서에 배를 먼저 넣고 브로콜리와 바나나를 넣은 뒤 물과 레몬즙,
얼음을 넣어 곱게 간다.

+TIP

+ 브로콜리는 살짝 데쳐서 넣는 게 맛이 더 좋다. 데친 뒤 얼음물에 재빨리 식혀야 영양 손실이 적다.
+ 믹서에 과일과 채소를 넣을 때는 물이 많은 과일을 칼날이 있는 바닥 쪽에 먼저 넣어야 잘 갈린다.

NUTRITION

비타민 A가 풍부해 저항력을 길러주는 브로콜리에 칼륨이 풍부한 바나나를 더해 활성산소를
없애는 주스. 면역력을 높일 뿐 아니라 섬유소도 풍부하게 들어 있어 변비에도 탁월한 주스다.

브로콜리 키위 청포도 주스

브로콜리의 부드러운 맛과 키위, 청포도의 새콤한 맛이 조화를 이뤄 청량감을 준다.
키위 씨와 포도 씨가 약간 거칠지만 오히려 씹는 즐거움을 준다. 비타민 C가 풍부해 피로 해소에 좋다.

브로콜리 1/4개, 키위 1개, 청포도 10알, 꿀 2큰술, 물 1/2컵, 얼음 2개

400ml 브로콜리 손질은 p.21, 키위 손질은 p.167 참조.

01 브로콜리는 기둥을 작게 자르고 작은 송이로 나눈 뒤 끓는 물에 소금을 약간 넣어
    1~2분 정도 데친다. 얼음물에 담가 식힌 뒤 송이 타월로 감싸 물기를 뺀다.

02 키위는 깨끗이 씻어 껍실을 벗기고 반 잘라 끝의 단단한 꼭지를 도려낸 뒤
    한입 크기로 썬다.

03 청포도는 알알이 떼서 흐르는 물에 깨끗이 씻는다.

04 믹서에 청포도와 키위를 먼저 넣고 브로콜리를 넣은 뒤 물과 꿀, 얼음을 넣어 곱게 간다.

+TIP

+ 청포도는 껍질과 씨를 제거하지 않고 믹서에 넣어 갈기 때문에 이물질이 없도록 깨끗이 씻는다.
+ 청량감을 더 원한다면 물 대신 탄산수를 넣어도 좋다.

NUTRITION

재료 모두 비타민 C가 풍부한 비타민 주스로 여름철에는 햇빛 때문에 생기기 쉬운 기미나
주근깨 등의 색소침착을, 겨울철에는 감기를 예방하는 효과가 있다. 또한 단백질 분해 효소가 들어 있어
고기로 푸짐하게 식사를 한 후 마시면 소화가 잘되고 단백질 흡수 이용률도 높일 수 있다.

브로콜리 사과 호두 주스
브로콜리 사과 요구르트

브로콜리 사과 호두 주스

- 브로콜리 ⅓개, 사과 ¾개, 호두 살 6~7개, 물 ½컵, 얼음 3개
- 350ml
- 브로콜리 손질은 p.21, **사과 손질**은 p.145 참조.

01 브로콜리는 기둥을 작게 자르고 작은 송이로 나눈 뒤 끓는 물에 소금을 약간 넣어 1~2분 정도 데친다. 얼음물에 담가 식힌 뒤 종이 타월로 감싸 물기를 뺀다.

02 사과는 세로로 4등분 해 가운데 씨를 제거한 뒤 껍질째 2~3cm 폭으로 썬다.

03 호두는 마른 팬에 살짝 볶아 굵직하게 썬다.

04 믹서에 사과를 먼저 넣고 브로콜리와 호두를 넣은 뒤 물과 얼음을 넣어 곱게 간다.

NUTRITION

호두에 들어 있는 양질의 지방과 단백질은 두뇌 발달에 좋고 혈관 내 콜레스테롤 침착을 막는다.
항암 효과에 좋은 브로콜리, 하루 한 개면 병을 막는다는 사과에 호두까지 더해 영양을 챙기기 좋다.

브로콜리 사과 요구르트

- 브로콜리 ¼개, 사과 ½개, 발효유 · 우유 ½컵씩
- 400ml
- 브로콜리 손질은 p.21 **사과 손질**은 p.145 참조.

01 브로콜리는 기둥을 작게 자르고 작은 송이로 나눈 뒤 끓는 물에 소금을 약간 넣어 1~2분 정도 데친다. 얼음물에 담가 식힌 뒤 종이 타월로 감싸 물기를 뺀다.

02 사과는 세로로 3등분 해 가운데 씨를 제거한 뒤 껍질째 2~3cm 폭으로 썬다.

03 믹서에 사과를 먼저 넣고 브로콜리를 넣은 뒤 발효유와 우유를 부어 곱게 간다.

NUTRITION

사과는 유기산과 구연산을 함유해 신맛이 나기 때문에 산성식품 같지만 알칼리성식품이다.
브로콜리와 함께 섭취하면 원기 회복, 정장 작용에 효과가 있다.
몸속 유해산소를 제거하고 몸을 가뿐하게 해주며 면역력을 높여 감기 예방에도 효과적이다.

브로콜리 오이 당근 오렌지 주스

자연의 생기를 머금은 여러 가지 채소로 만든 아침 건강 주스. 마시기 편하게 오렌지를 섞어 새콤달콤한 맛과 향을 더한다.
오이는 여름철 부족한 수분을 채우기에 더없이 좋으니 무더운 여름에 활력을 채우는 아침 주스로 활용해보자.

브로콜리 · 오이 · 당근 ¼개씩, 오렌지 ½개, 물 ¾컵, 얼음 3개

400ml　브로콜리 손질은 p.21, 오렌지 손질은 p.155 참조.

- - - - -

01 브로콜리는 기둥을 작게 자르고 작은 송이로 나눈 뒤 끓는 물에 소금을 약간
넣어 1~2분 정도 데친다. 얼음물에 담가 식힌 뒤 종이 타월로 감싸 물기를 뺀다.

02 오렌지는 껍질을 썰어내고 세로로 3등분 한 뒤 씨를 발라낸다.

03 오이는 돌기를 제거한 뒤 반 갈라 1cm 두께로 자른다.

04 당근은 깨끗이 씻어 채칼을 이용해 채 썬다.

05 믹서에 오이와 오렌지를 먼저 넣고 브로콜리, 당근을 넣은 뒤 물과 얼음을
넣어 곱게 간다.

비타민 C가 풍부한 오렌지와 브로콜리, 땀을 많이 흘리는 사람들의 수분 공급에 좋은 오이의
조합은 여름철 피로 해소와 건강을 챙기기에 좋나, 또한 오이의 수분과 당근의 지용성 비타민 A는
피부를 곱고 매끄럽게 해 미용 주스로도 제격이다.

양배추 래디시 주스

위를 편안하게 할 뿐 아니라 바쁜 아침, 식사할 시간이 없을 때 마시기 좋은 주스다. 특히 래디시에는 철분이
풍부하게 들어 있어 빈혈이 있는 여성에게 좋다. 래디시의 은은한 매콤함에 레몬즙과 꿀로 맛과 풍미를 더한다.

양배추 잎 1장, 래디시 3개, 레몬즙 1큰술, 물 3/4컵, 얼음 2개

250ml

- - - - -

01 양배추 잎은 길게 4등분을 한 뒤 2㎝ 폭으로 썬다.

02 래디시는 줄기와 잎을 잘라 버리고 둥근 뿌리만 깨끗이 씻어 4등분 한다.

03 믹서에 래디시와 양배추를 넣고 물과 레몬즙, 얼음을 넣어 곱게 간다.

+TIP

+ 단맛이 나는 과일을 넣지 않는 채소 주스의 경우 꿀을 넣어 단맛을 더해도 좋다.
+ 레몬즙을 조금 넣으면 주스에 새콤함이 더해져 맛이 한결 좋다.

NUTRITION

양배추와 래디시 모두 비타민 U가 풍부해 위가 좋지 않은 사람이 마시기에 부담 없다.
또한 비타민 C와 비타민 E를 많이 함유한 항노화 식품이므로 피부 노화와 탄력에 민감한
갱년기 여성에게도 좋다

양배추 바나나 우유
양배추 키위 주스

양배추 키위 주스

- 양배추 잎 2장, 키위·골드 키위 1개씩, 꿀 2큰술, 물 ¾컵, 얼음 1~2개
- 350ml
- 키위 손질은 p.167 참조.

- - - - -

01 양배추 잎은 길게 4등분을 한 뒤 2cm 폭으로 썬다.

02 키위와 골드 키위는 각각 깨끗이 씻어 껍질을 벗기고 반 잘라 끝의 단단한 꼭지를 도려낸 뒤 한입 크기로 썬다.

03 믹서에 키위와 골드 키위를 먼저 넣고 양배추를 넣은 뒤 물과 꿀, 얼음을 넣어 곱게 간다.

피곤함을 자주 느끼거나 무기력해지는 만성피로에 시달린다면 매일 아침 활성 비타민 덩어리인 양배추 키위 주스를 마시면 원기 회복에 도움이 된다.

양배추 바나나 우유

- 양배추 잎 1장, 바나나 ½개, 우유 ⅔컵
- 250ml

- - - - -

01 양배추 잎은 길게 4등분을 한 뒤 2cm 폭으로 썬다.

02 바나나는 껍질을 벗겨 적당히 썬다.

03 믹서에 바나나와 양배추, 우유를 넣고 곱게 간다.

양배추는 위를 보호하는 역할을 하는 비타민 U가 풍부하게 들어 있어 포 식이 치게 두었다기 과음한 다음 날 아침에 바나나와 함께 믹서에 갈아 마시면 위도 보호할 수 있고 포만감도 준다. 음주 후 뼈에서 칼슘이 빠져 나가므로 술은 즐기는 사람은 우유를 섞어 함께 갈이 마시는 게 더 좋다.

양배추 아스파라거스 주스
양배추 배 주스

양배추 배 주스

- 양배추 잎 1장, 배 1/2개, 물 1/2컵
- 400ml

- - - - -

01 양배추 잎은 길게 4등분을 한 뒤 2cm 폭으로 썬다.

02 배는 세로로 3등분 하고 가운데 씨를 제거한 뒤 껍질을 벗겨 2~3㎝ 두께로 썬다.

03 믹서에 배를 먼저 넣고 양배추와 물을 넣어 곱게 간다.

술 마신 다음 날 위 건강에 좋은 양배추와 수분이 많은 배를 함께 갈아 마시면 숙취를 해소하는 데
도움이 된다. 배를 많이 먹으면 설사하기 쉬운데 양배추가 위를 보호하므로 양배추와 배는 환상 궁합.

양배추 아스파라거스 주스

- 양배추 잎 2장, 아스파라거스(큰 것) 2줄기, 레몬 1/2개, 꿀 1큰술, 소금 약간, 물 1컵
- 350ml   레몬 손질은 p.155 참조.

- - - - -

01 양배추 잎은 길게 4등분을 한 뒤 2㎝ 폭으로 썬다.

02 아스파라거스는 필러로 껍질의 가시 부분을 벗겨낸 뒤 길게 반 가르고
4cm 길이로 썬다. 끓는 물에 1분간 데쳐 재빨리 얼음물에 담갔다가 물기를 뺀다.

03 레몬은 껍질을 썰어내고 세로로 3등분 한 뒤 씨를 발라낸다.

04 믹서에 레몬을 먼저 넣고 아스파라거스, 양배추를 넣은 뒤 꿀과 소금, 물을 넣어 곱게 간다.

+ 소금을 약간 넣으면 풋내가 덜 나고 단맛은 좋아진다.

사포닌이 들어 있는 항암 식품 아스파라거스는 독성이 없으므로 꾸준히 먹으면 좋다.
양배추 특유의 향은 레몬의 상큼함과 꿀의 단맛이 중화시켜줘 마시기에도 부담 없다.

적양배추 파인애플 오렌지 주스

파인애플과 오렌지의 산뜻함뿐 아니라 적양배추의 씹히는 질감이 살아 있는 기분 좋은 주스다.
마치 레드 와인 같은 색을 내므로 와인잔이나 모양이 예쁜 유리잔에 담아내는 것도 좋다.

적양배추 잎 2장, 오렌지 1개, 파인애플 링(2cm 두께) $1/3$개, 레몬즙·꿀 1큰술씩, 물 $1/2$컵

250ml

- - - - -

01 적양배추 잎은 길게 4등분 한 뒤 2~3cm 폭으로 썬다.

02 오렌지는 반 갈라 스퀴서로 즙을 낸다.

03 파인애플은 적당한 크기로 뚝뚝 썬다.

04 믹서에 파인애플과 적양배추, 오렌지즙, 레몬즙, 꿀, 물을 넣어 곱게 간다.

TIP

\+ 오렌지는 갈지 않고 즙을 짜 넣으면 오렌지의 맛이 강하지 않고 향만 첨가돼
적양배추 고유의 맛과 향이 더욱 살아난다.

NUTRITION

파인애플은 브로멜린이라는 단백질 분해 효소가 들어 있어 양배추와 함께 믹서에 갈아
식후에 마시면 좋다. 오렌지는 양배추, 파인애플과 어우러져 풍미를 돋운다.
파인애플은 쉽게 상할 수 있으니 마시기 직전에 주스를 만들어야 한다.

미나리 & 셀러리

미나리는 향이 짙은 채소지만 특유의 향과 맛이
개운하고 시원해 주스로 마셔도 거북하지 않다.
대신 과일 한두 가지를 더해 풍미를 돋운다. 셀러리
줄기에는 식이섬유가 필요 이상 많으므로 주스로
만들 때는 줄기보다 잎을 많이 넣는다.

● 주스의 농도 조절

수분을 많이 지니지 않아 수분이 많은 과일을 함께
갈아야 마시기 좋은 농도가 된다. 채소 중에는 수분이
많고 맛도 잘 어울리는 오이를 더하면 한결 시원한
주스를 즐길 수 있다.

● 맛 내기 포인트

특유의 향긋함은 있지만 단맛이 없어 새콤달콤한 과일로
맛을 더한다. 토마토나 오렌지는 상큼한 맛뿐 아니라
색감까지 살려 셀러리, 미나리와 궁합이 좋은 재료다.

● 영양

미나리 음식과 함께 체내에 들어온 중금속을 흡수해 몸
밖으로 배출하는 데 탁월한 해독 채소다. 또한 섬유질이
풍부해 변비에도 좋고 다이어트 음식으로도 그만이다.
그뿐 아니라 간 기능을 활성화하므로 술 마신 다음 날
미나리 주스는 숙취 해소에도 도움을 준다.

셀러리 채소 중 드물게 비타민 B_1, B_2가 많아 위의
활동을 원활하게 하는 강장 효과가 있다. 원기 회복과
혈액을 맑게 하는 효과까지 있어 동맥경화나 심장질환을
예방한다. 향이 짙은 셀러리는 미나리와 마찬가지로 간
기능을 높이는 성분이 있어 숙취로 머리가 아플 때 즙을
내 마시면 숙취 해소에도 좋다.

미나리 오렌지 주스

미나리의 향긋함과 오렌지의 상큼함이 어우러져 청량감을 주는 주스로
아침에 마시면 하루를 상쾌하게 시작할 수 있다. 오렌지의 맛과 향은
미나리의 맛을 중화해 부드럽게 한다.

미나리 2・3줄기, 오렌지 1개, 물 $1/4$컵, 얼음 2개

350ml　오렌지 손질은 p.155 참조.

- - - - -

01 미나리는 깨끗이 씻어 물기를 털고 밑동을 3cm 정도 자른 뒤 2cm 길이로 썬다.

02 오렌지는 껍질을 썰어버리고 세로로 6등분을 해 씨를 발라낸 뒤 반으로 썬다.

03 믹서에 오렌지를 먼저 넣고 미나리와 물, 얼음을 넣어 곱게 간다.

｜TIP

＋ 미나리는 손질한 뒤 지퍼백에 넣어 30분~1시간 정도 냉동했다가 꺼내서 바로 믹서에 갈면
　시원하고 상쾌하게 마실 수 있다.

NUTRITION

미나리 특유의 향긋한 맛과 장을 내는 섬유 성분은 입맛을 돋우고 정신을 맑게 한다.
특히 체내 독소를 배출해 미나리 주스는 해독하는 데도 그만이다.

미나리 쑥갓 오렌지 홍시 주스

미나리, 쑥갓 등 향이 강한 채소를 주스로 만들 때는 맛 좋은 오렌지와 홍시를 더한다.
미나리는 변비로 고생하거나 아랫배가 찬 경우 자주 마시면 좋다.

미나리 4줄기, 쑥갓 10줄기, 오렌지 1개, 홍시 ½개, 물 ½컵, 얼음 2~3개

400ml　　오렌지 손질은 p.155 참조.

- - - - -

01 미나리는 깨끗이 씻어 물기를 털고 밑동을 3cm 정도 자른 뒤 2cm 길이로 썬다.

02 오렌지는 껍질을 썰고 세로로 6등분을 해 씨를 발라낸 뒤 반으로 썬다.

03 홍시는 껍질을 벗기고 씨를 제거한 뒤 꼭지를 뗀다.

04 믹서에 오렌지를 먼저 넣고 홍시와 미나리를 넣은 뒤 물, 얼음을 넣어 곱게 간다.

+TIP

\+ 귤의 맛과 영양이 한창 오른 겨울에는 오렌지 대신 귤 2개를 넣어도 좋다.
　이때 단맛이 부족하면 꿀 1큰술을 더한다.

NUTRITION

치질이나 변비로 고생한다면 미나리, 쑥갓이 들어간 주스를 아침마다 마시는 게 좋다.
식이섬유가 많아 장운동을 촉진해 변비에 효과가 좋다. 음주 후 열을 해독하는 데 좋은 주스다.
여성의 경우 대하증이나 하혈에도 도움을 준다.

미나리 파슬리 파프리카 토마토 주스

다양한 채소의 영양을 한 번에 섭취할 수 있는 주스다. 생선이나 달걀 요리 등 산성식품을 먹고 난 뒤에 마시면 더욱 좋다.

미나리 4줄기, 이탈리안 파슬리 3줄기, 노랑 파프리카 · 토마토 ½개씩,
레몬즙 2작은술, 물 ½컵

300ml   파프리카 손질은 p.69 참조.

- - - - -

01 미나리는 깨끗이 씻어 물기를 털고 밑동을 3cm 정도 자른 뒤 2cm 길이로 썬다.

02 이탈리안 파슬리도 깨끗이 씻어 물기를 털고 2cm 길이로 자른다.

03 노랑 파프리카는 꼭지와 씨를 제거하고 반 잘라 하얀 속살을 제거한 뒤
사방 2~3cm 크기로 썬다.

04 토마토는 꼭지를 떼고 세로로 3등분을 한 뒤 다시 반 자른다.

05 믹서에 토마토와 파프리카를 먼저 넣고 미나리, 파슬리를 넣은 뒤
레몬즙과 물을 부어 곱게 간다

+TIP

+ 이탈리안 파슬리가 없을 때는 일반 파슬리로 대신한다.

NUTRITION

철분이 부족하면 세포의 저항력도 떨어지고 쉽게 피로해지는데 파슬리에는 철분이
풍부할 뿐 아니라 비타민 A와 C가 들어 있어 저항력을 높이고 피부도 좋게 한다.

셀러리 바나나 자몽 주스

셀러리 특유의 향과 새콤 쌉싸래한 자몽 맛의 조화가 신선하며 부드럽고 달콤한 바나나를 넣어 포만감까지 준다.
시원하게 마시려면 얼음을 분량보다 많이 더하는데, 함께 갈면 싱거워질 수 있으니 얼음을 채운 잔에 주스를 부어 마신다.

셀러리 잎 1줄기 분량, 바나나 1개, 자몽 ¹/₂개, 물 ¹/₄컵, 얼음 2조각

500ml　**자몽 손질**은 p.155 참조.

- - - - -

01 셀러리 잎은 깨끗이 씻어 물기를 털고 2cm 길이로 썬다.

02 바나나는 껍질을 벗겨 손으로 뚝뚝 떼어내거나 적당히 칼로 자른다.

03 자몽은 세로로 3등분을 해 껍질을 벗기고 반달 모양으로 자른 뒤 씨를 발라낸다.

04 믹서에 자몽을 먼저 넣고 셀러리 잎, 바나나를 넣은 뒤 물을 붓고
　　얼음을 넣어 곱게 간다.

+TIP

+ 손질한 셀러리 잎은 지퍼백에 넣어 30분~1시간 정도 냉동했다가 꺼내서 바로 믹서에 갈면
　시원한 맛을 살릴 수 있다.

+ 사용하고 남은 셀러리는 2cm 길이로 잘라 지퍼백에 편평하게 넣고 냉동 보관했다가 주스에 활용한다.

+ 셀러리로 주스를 만들 때는 영양 성분과 향은 유지하면서 줄기보다 식이섬유가
　짙은 잎을 위주로 사용한다.

NUTRITION

영양은 물론 바나나로 포만감까지 더했다. 또한 셀러리와 바나나의 식이섬유는 장운동을
원활하게 해 아침마다 주스로 마시면 변비를 예방한다.

셀러리 오렌지 사과 주스

셀러리와 맛의 궁합이 좋은 사과와 오렌지를 더한 맛 좋은 셀러리 주스. 섬유질이 많아 쉽게 갈리지 않는 셀러리 줄기는
적은 양을 넣어도 맛과 향을 내기에 충분하다. 신경을 안정시키고 마음을 편하게 해주기 때문에 저녁 식사 후 한 잔
마시는 것도 심신 안정에 도움이 된다.

셀러리 5cm, 오렌지 · 사과 1/2개씩, 레몬즙 1큰술, 물 1/3컵

300ml   오렌지 손질은 p.155, 사과 손질은 p.145 참조.

- - - - -

01 셀러리는 1cm 길이로 썬다.

02 오렌지는 껍질을 썰어내고 세로로 3등분 한 뒤 씨를 발라낸다

03 사과는 깨끗이 씻어 세로로 3등분을 한 뒤 가운데 씨를 제거하고
껍질째 2~3cm 폭으로 썬다.

04 믹서에 오렌지, 사과, 셀러리 순으로 넣고 레몬즙과 물을 넣어 곱게 간다.

+TIP

+ 오렌지와 사과는 수분이 많아 믹서에 물을 적게 넣어도 잘 갈린다.

NUTRITION

오렌지 귤 등에 들어 있는 비타민 C는 고혈압과 감기를 예방하는 데 좋다. 셀러리 주스에
함께 갈아 마시면 혈압을 낮추는 데 도움이 되고, 질병도 예방할 수 있다.

셀러리 사과 주스
셀러리 토마토 사과 오이 주스

셀러리 토마토 사과 오이 주스

셀러리와 토마토, 오이의 상큼하고 신선한 맛에 사과를 약간 넣어 새콤달콤함을 더했다.
식이섬유를 충분히 섭취할 수 있어 장운동을 도와주며 해독을 촉진하고 체내 독소를 배출하는 효과도 볼 수 있다.

셀러리 잎 1줄기 분량, 줄기 토마토 4개(또는 토마토 1개),
사과·오이 ¼개씩, 레몬즙 1작은술, 물 ½컵

500ml **사과 손질**은 p.145 참조.

01 셀러리 잎은 깨끗이 씻어 물기를 털고 2cm 길이로 썬다.

02 줄기 토마토는 꼭지를 떼고 4등분 한다.

03 사과는 깨끗이 씻어 가운데 씨를 제거하고 껍질째 2~3cm 폭으로 썬다.

04 오이는 돌기를 긁어낸 뒤 반으로 갈라 2cm 폭으로 썬다.

05 믹서에 토마토와 오이, 사과, 셀러리 잎 순으로 넣고 레몬즙과 물을 넣어 곱게 간다.

+TIP

+ 단맛이 거의 없고 여러 채소의 신선한 맛과 향을 즐기는 주스로 단맛을 더 원한다면 꿀을 약간 넣는다.

+ 줄기 토마토가 없다면 방울토마토로 대신해도 좋다. 방울토마토는 6개 넣는다.

NUTRITION

혈관을 강화하는 루틴 성분을 함유한 토마토는 유기산이 적어 사과와 함께 주스로 만들어 마시면
위의 자극이 덜하고 소화가 잘된다. 특히 식이섬유가 풍부한 셀러리로 인해 변비가 있는 사람에게 좋다.

셀러리 사과 주스

셀러리 줄기와 잎을 함께 사용해 고유한 향과 맛을 충분히 즐길 수 있다. 셀러리에 사과만 더해 깔끔하면서
담백하게 마실 수 있는 주스. 시원하게 마시면 셀러리의 맛과 향이 한결 신선해지므로 얼음을 더해 믹서에 갈았다.

🛒 셀러리 줄기 5cm, 셀러리 잎 20g, 사과 ½개, 물 ¾컵, 얼음 2~3조각

👍 400ml ▣ **사과 손질은 p.145 참조.**

- - - - -

01 셀러리 줄기는 1cm 길이로 썬다.

02 셀러리 잎은 깨끗이 씻어 물기를 털어 2cm 길이로 썬다.

03 사과는 깨끗이 씻어 세로로 반 자른 뒤 가운데 씨를 발라내고 2~3cm 폭으로 썬다.

04 믹서에 사과를 먼저 넣고 셀러리와 물, 얼음을 넣어 곱게 간다.

+TIP

\+ 셀러리 줄기를 많이 넣지 않기 때문에 표면의 질긴 섬유질은 굳이 벗기지 않아도 된다.
오히려 섬유질을 충분히 섭취할 수 있어 좋다.

NUTRITION

단백질과 당질 대사에 없어서는 안 될 티아민(비타민 B_1)이 풍부한 주스다.
잎과 줄기에 섬유소와 무기질이 많아 신진대사를 촉진하고 피로를 해소하며 스태미나를 높여준다.

시금치 & 케일

다른 잎채소에 비해 조직이 단단하고 주스를 만들기에
적당하다. 또한 영양 주스를 만들기 좋은 재료지만 특유의
맛과 향이 다소 거북할 수 있으니 다른 과일이나 채소와
함께 섞어 주스를 만들면 부담을 덜 수 있다. 쓴맛과 특유의
향이 강해 입맛을 없앨 수 있으니 식후에 섭취하는 게 좋다.

● 주스의 농도 조절

수분이 많지 않아 과일을 적당량 섞어도 수분이 부족할 수 있다.
물이거나 요구르트를 섞어 부족한 수분과 맛을 조절한다.

● 맛내기 포인트

과일을 두 가지 정도 섞어 시금치와 케일의 맛과 향을 부드럽게
한다. 파인애플, 바나나, 키위, 사과 등 단맛이 많은 과일과 잘
어울린다.

● 영양

시금치 시금치는 엽산이 풍부해 빈혈이 있는 사람이나
임산부에게 꼭 필요한 채소다. 엽산은 폐암과 위암 예방에
효과적이며 체내에 엽산이 부족하면 신경전달물질인
세로토닌의 생산이 줄어 불면증이나 불안증을 야기한다. 뼈를
튼튼하게 하는 칼슘도 많아 아이들의 성장을 촉진하고 칼슘
부족으로 뼈가 약한 노인에도 좋다.

케일 시금치와 마찬가지로 철분과 칼슘이 풍부한 채소다.
항산화 물질인 멜라토닌이 풍부해 활성산소를 배출하고 노화를
방지하므로 생리로 인해 철분이 손실되기 쉽고 노화로 고민하는
여성들은 케일을 충분히 섭취하는 게 좋다. 콜레스테롤을
배출해 혈관과 피를 맑게 하고 혈액순환을 좋게 해 혈관 질환을
예방하며 베타카로틴 성분은 암을 예방한다.

시금치 파인애플 주스

시금치와 노란 파인애플을 함께 갈아 고운 초록이 예쁜 주스다.
시금치의 향이 진하지 않고 파인애플과 오렌지 농축액의 맛이 짙어 시금치 맛은
거의 나지 않고 영양은 그대로 챙길 수 있다.

시금치 4~5뿌리, 파인애플 링(2cm 두께) 2개, 오렌지 농축액 1/4컵

350ml

- - - - -

01 시금치는 뿌리 부분을 1cm 정도를 잘라낸 뒤 깨끗이 씻어 2cm 길이로 썬다.

02 파인애플 링은 2~3cm 폭으로 썬다.

03 믹서에 파인애플을 먼저 넣고 시금치를 넣은 뒤 오렌지 농축액을 넣어 곱게 간다.

+TIP

ㅣ 오렌지 농축액 대신 오렌지 주스를 넣으면 주스의 양이 많아져 시금치와 파인애플의 맛을
전혀 느낄 수 없으므로 농축액을 사용하는 게 좋다.

+ 물을 넣지 않아도 파인애플의 수분만으로도 믹서에 잘 갈리는데, 농도가 묽지는 않다.
좀 더 부드럽게 마시려면 얼음을 2~3개 정도 넣고 함께 갈아 시원함과 수분을 보충한다.

NUTRITION

신맛이 나는 오렌지 농축액을 섞으면 시금치의 비타민 C 손실을 막을 수 있다.
피부 미용에 좋은 이너 뷰티 주스.

시금치 바나나 황도 주스

황도의 달콤한 맛이 살아 있어 목넘김이 부드럽다. 초록색을 띠지만 시금치 맛은 거의 나지 않고 바나나의 향이 짙고 부드럽다.
포만감과 활력을 줘 아침에 빵과 함께 마시기 좋다.

시금치 4~5뿌리, 바나나 1개, 통조림 황도 ½개, 물 ½컵

400ml

- - - - -

01 시금치는 뿌리 부분을 1cm 정도 잘라낸 뒤 깨끗이 씻어 2cm 길이로 썬다.

02 바나나는 껍질을 벗겨 뚝뚝 떼어내거나 2~3cm 폭으로 자른다.

03 황도는 4등분을 한다.

04 믹서에 황도를 먼저 넣고 시금치와 바나나를 넣은 뒤 물을 부어 곱게 간다.

+TIP

+ 복숭아가 제철일 때는 생 황도를 사용하는 게 맛도 향도 한결 좋다.

+ 시금치는 줄기에 수분이 많고 통통한 것, 뿌리가 짧고 붉은빛이 선명한 게 싱싱하고 맛있다.

+ 시금치 맛은 거의 나지 않고 바나나의 맛이 진해 아이들 영양 이유식으로도 활용할 수 있다.

NUTRITION

황도는 백도에 비해 비타민 A가 10배나 많으므로 기름기가 많은 음식을 섭취할 때는
함께 먹는 것을 피한다. 바나나와 함께 믹서에 갈면 황도 특유의 에스테르류의 향과
시금치의 풋내를 중화하고 식감이 부드러워진다.

케일 키위 사과 주스

키위의 달콤함과 사과의 새콤함이 케일 특유의 쌉싸래한 맛을 중화해 맛있게 즐길 수 있다.
키위는 무르게 잘 익은 것을 사용해야 맛이 좋고, 그린 키위 대신 골드 키위를 사용하면 단맛이 한결 진하게 난다.

케일 5장, 키위 · 사과 1개씩, 물 1/2컵

450ml　키위 손질은 p.167, 사과 손질은 p.145 참조.

- - - - -

01　케일은 깨끗이 씻어 물기를 털고 반 갈라 2cm 길이로 썬다.

02　키위는 깨끗이 씻어 껍질을 벗기고 반 잘라 단단한 꼭지를
　　　도려낸 뒤 4등분 한다.

03　사과는 깨끗이 씻어 세로로 4등분 하고 가운데 씨를 발라낸 뒤
　　　2cm 폭으로 썬다.

04　믹서에 키위와 사과를 넣고 케일을 넣은 뒤 물을 부어 곱게 간다.

+TIP

+ 향이 강한 채소가 부담스러울 때는 믹서에 달콤한 키위나 사과 등을 함께 넣어 갈면
　채소의 맛이 거의 나지 않아 부드럽게 마실 수 있다.

NUTRITION

케일은 줄기보다 잎이 영양가가 훨씬 높고 향이 강하므로 잎을 사용하는 게 좋다.
사과나 키위 등 신맛이 나는 과일과 섞으면 좋으나 위가 약한 사람은 속이 쓰릴 수 있으므로
공복에 마시는 것은 삼간다.

케일 바나나 요구르트

바나나와 농도가 짙은 발효유가 들어가 묽은 수프 같은 농도의 달콤한 주스다. 특히 케일은 비타민 A가 풍부해 눈의 피로를 풀어주기 때문에 컴퓨터를 많이 사용하는 사람이나 한창 공부하는 청소년들에게도 좋다.

케일(작은 잎) 5장, 바나나 1개, 발효유 200ml, 얼음 2개

350ml

01 케일은 깨끗이 씻어 물기를 털고 반 가른 뒤 2cm 길이로 썬다.

02 바나나는 껍질을 벗겨 뚝뚝 떼어내거나 2~3cm 폭으로 썬다.

03 미서에 모든 재료를 한꺼번에 넣고 곱게 간다.

+TIP

+ 섬유질이 많은 케일과 바나나, 장에 좋은 발효유까지 더해 변비로 고생하는 사람에게 좋다.

+ 발효유는 주스에 수분을 공급할 뿐 아니라 맛과 영양까지 업그레이드한다.

NUTRITION

칼슘이 풍부한 케일에 달콤하고 젖산이 많으며 뼈를 튼튼하게 하는 발효유를 더해 성장기 어린이나 뼈가 약한 노약자에게 좋다. 바나나를 넣어 당분이 높지만 소화 흡수가 잘되어 장건강에도 좋다.

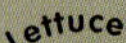

양상추

아삭한 양상추는 주스를 만들면 상큼하고 신선하다. 맛과
향이 짙지 않아 다양한 과일, 채소와 두루 잘 어울린다.

● 주스의 농도 조절

수분이 적당량 있지만 물을 약간 더해야 마시기 좋다. 함께 가는
채소와 과일의 수분량에 따라 물의 양은 조절한다.

● 맛 내기 포인트

맛과 향이 강하지 않아 어떤 과일이나 채소로 주스를 만들든 잘
어울리므로 재료에 따라 다양한 맛을 낼 수 있다.

● 영양

수분이 80%인 양상추는 주스를 만들기 좋은 채소다. 철분이
풍부해 혈액을 만들고 마그네슘은 근육을 튼튼하게 해
신진대사를 활발하게 하므로 혈액순환을 좋게 한다. 비타민 A도
풍부하게 들어 있고 특히 식이섬유가 풍부해 변비 예방은 물론
다이어트 효과도 있다.

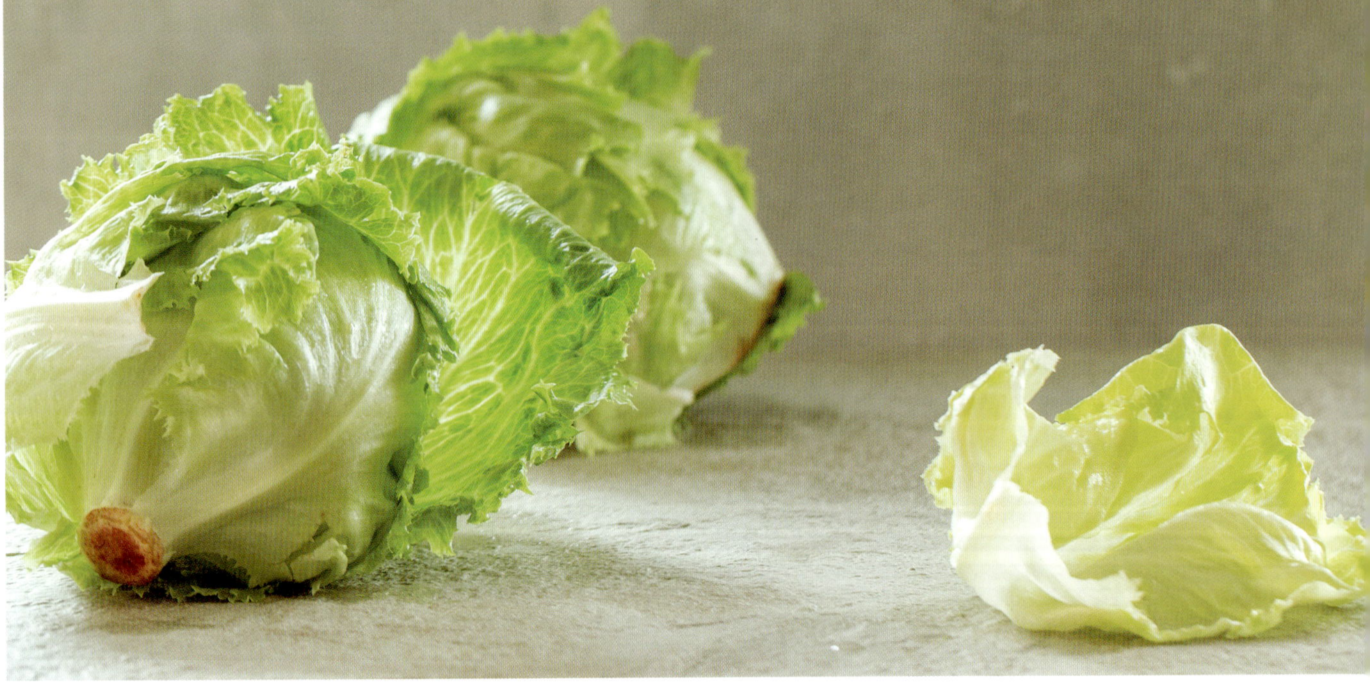

양상추 깻잎 양배추 주스

과일을 넣지 않고 양상추와 깻잎, 양배추만으로 주스를 만들어 채소의 신선함을
충분히 즐길 수 있다. 꿀로 단맛을, 레몬즙으로 상큼함을 더해 마시기 편하다.

🛒 양상추 잎 2~3장, 깻잎 2장, 양배추 잎 ½장, 꿀 1~2큰술,
레몬즙 1큰술, 물 1컵, 얼음 1~2개

🥤 350ml

01 양상추 잎과 양배추 잎은 잘게 썬다.

02 깻잎은 꼭지를 떼어낸 뒤 길게 반 가르고 1cm 길이로 썬다.

03 믹서에 모든 재료를 넣어 곱게 간다.

+TIP

\+ 과일이 들어가지 않지만 깻잎이 입안을 향기롭게 한다.

NUTRITION

양상추는 수분과 섬유소가 주를 이루지만 마그네슘, 칼슘, 철, 비타민 A가 많은 엽채류이므로
비타민 C가 풍부한 양배추와 영양 균형이 좋다. 모든 채소를 생으로 갈아 먹는 주스이므로
디톡스 효과가 있는 레몬즙을 1큰술 넣으면 더 좋다.

양상추 토마토 주스
양상추 시트러스 바나나 주스

양상추 토마토 주스

토마토 특유의 맛이 양상추의 신선한 맛과 잘 어우러져 깔끔하게 마실 수 있는 주스다.
레몬즙을 넣어 상큼함을 더하고 얼음으로 시원함을 살려 한여름 갈증 해소와 영양 공급에 도움이 된다.

🛒 양상추 잎 2~3장, 줄기 토마토 7개(또는 토마토 작은 것 2개),
꿀 1큰술, 물 ½컵, 얼음 2개

🥤 450ml

- - - - -

01 양상추 잎은 깨끗이 씻어 물기를 털고 듬성듬성 썬다.

02 줄기 토마토는 꼭지를 떼고 4등분 한다.

03 믹서에 토마토와 양상추를 넣고 꿀과 물, 얼음을 넣어 곱게 간다.

+TIP

+ 양상추에 토마토만 넣어 신선하고 상큼한 맛을 냈는데 맛은 토마토주스에 가깝다.

+ 줄기토마토 대신 일반 토마토를 사용할 경우 꿀 양을 조금 더 늘린다.

+ 꿀 대신 오렌지 주스 3큰술을 넣으면 새콤달콤한 맛이 더해진다.

NUTRITION

술을 마시면 체내 수분이 줄고 갈증이 심해지는데 이럴 때 토마토와 양상추는
수분을 보충할 뿐 아니라 토마토의 비타민이 알코올 분해를 도와 숙취 해소에 좋은 주스다.

양상추 시트러스 바나나 주스

양상추의 시원한 맛에 오렌지와 레몬으로 상큼함을, 바나나로 달콤함과 향긋함을 더했다.
단맛이 적고 상큼하며 깔끔한 맛이라 여성들이 좋아할 만하다.

양상추 잎 2~3장, 오렌지 1개, 바나나·레몬 1/2개씩

400ml 오렌지와 레몬 손질은 p.155 참조.

- - - - -

01 양상추 잎은 깨끗이 씻어 물기를 털고 듬성듬성 썬다.

02 바나나는 껍질을 벗겨 뚝뚝 떼어내거나 2~3cm 폭으로 자른다.

03 오렌지와 레몬은 껍질을 썰어내고 세로로 4~6등분 한 뒤 씨를 발라내고 반 자른다.

04 믹서에 오렌지와 레몬을 먼저 넣고 양상추와 바나나를 넣어 곱게 간다.

+TIP

+ 양상추의 신선함을 살리기 위해 오렌지와 바나나로 단맛을, 레몬으로 새콤함을 더했다.
+ 양상추는 큼직하게 썰면 잘 갈리지 않으므로 잘게 썰어야 한다.

NUTRITION

신맛이 강한 레몬과 단맛의 오렌지, 황색의 바나나는 서로 상생 관계에 있는 식품으로 소장과 위의 활동을 도와 대장에서 배변을 촉진한다. 꾸준히 마시면 숙변 제거에 효과적이라 체형 관리에도 도움을 얻을 수 있다.

양상추 브로콜리 당근 사과 주스

브로콜리와 당근의 조합은 다소 부담스러울 수 있는 맛이어서 사과와 발효유를 더한다.
농도가 약간 되직해 넓은 그릇에 부어 숟가락으로 떠 먹을 수도 있다.

🛒 양상추 잎 2~3장, 브로콜리 작은 송이 2개, 당근·사과 ¼개씩,
발효유 150ml, 소금 약간

🥤 350ml   📖 **브로콜리 손질**은 p.21, **사과 손질**은 p.139 참조.

- - - - -

01 양상추 잎은 깨끗이 씻어 물기를 털고 듬성듬성 썬다.

02 브로콜리는 끓는 물에 소금을 약간 넣고 1~2분 정도 데쳐내 바로 찬물에
담가 식힌 뒤 종이 타월로 감싸 물기를 제거한다.

03 당근은 채칼을 이용하여 채 썬다.

04 사과는 깨끗이 씻어 껍질을 벗기고 가운데 씨를 도려낸 뒤 2~3cm 폭으로 썬다.

05 믹서에 사과, 브로콜리, 당근, 양상추 순으로 넣고 발효유를 넣어 곱게 간다.

+TIP

+ 주스의 농도는 발효유를 넣어 맞췄는데, 물을 넣는 것보다 부드럽고 단맛까지 더해져
아이들도 부담 없이 먹을 수 있다.

+ 발효유 대신 물을 넣어도 된다. 물을 넣을 때는 꿀을 약간 첨가해 단맛을 더한다.

NUTRITION

비타민 C와 철분, 식이섬유가 풍부한 브로콜리와 독소를 제거하는 카로틴이 많은 당근에
사과까지 더해 여러 가지 영양소를 골고루 채울 수 있다.

파프리카 & 토마토

다른 채소에 비해 달고 수분도 많아 주스로
만들어 먹기 좋은 채소다. 과일을 많이 더하지
않아도 마실 때 전혀 거북하지 않다.

🔴 주스의 농도 조절

수분이 많아 물을 넣지 않아도 되지만 그냥 믹서에
갈면 되직한 주스가 된다. 수분이 많은 과일을
더하거나 물을 약간 넣으면 한결 부드럽게 마실 수
있다.

🔴 맛 내기 포인트

다른 채소에 비해 단맛이 많지만 과일 같은 당도는
아니다. 신선한 맛의 채소나 단맛의 과일과 잘
어울린다.

🔴 영양

파프리카 피망보다 크고 과육이 두꺼워 씹는 맛이
좋고 싱그러운 향을 내는 파프리카는 빨강, 주황,
노랑 등 카로티노이드계의 색소와 비타민 C와 E가
풍부하다. 특히 파프리카의 비타민 C는 레몬보다
월등해 감기를 예방하고 피부도 건강하게 한다.
색깔에 따라 조금씩 영양이 다르다.

토마토 초록색인 크로로필 색소(엽록소)가
익으면서 붉은색 카로티노이드 색소로 변하며
루틴과 리코펜이 증가한다. 리코펜은 비타민 A로
전환되지는 않으나 강력한 항산화력을 지닌다.
토마토가 주목받는 것도 항상화력이 남다른 항암
효과 때문이다. 또한 혈당 저하, 노화 방지, 심혈관
질환 예방에도 좋다.

깨끗이 씻은 뒤 반 자른다.

꼭시와 씨를 손으로 제기히고 씨를 털어낸다.

2~3cm 폭으로 자른다.

칼 끝으로 흰 속살을 깨끗이 잘라낸다.

믹서에 갈기 좋게 2cm 폭으로 자른다.

파프리카 토마토 주스

파프리카와 토마토는 다른 채소에 비해 단맛이 많아 굳이 다른 과일을 더하지 않아도 된다.
담백한 맛이 좋은 주스지만 단맛을 원할 때는 꿀을 좀 더 넣는다. 칼로리가 낮아 잠자기 전에 마셔도 부담 없다.

🛒 빨강 파프리카 · 토마토 1개씩, 꿀 1작은술, 물 ½컵

🥤 400ml   📕 **파프리카 손질**은 p.69 참조.

- - - - -

01 파프리카는 반 갈라 꼭지와 씨를 제거하고 2~3cm 폭으로 길게 자른다.
흰 속살을 없애고 2cm 폭으로 썬다.

02 토마토는 반 갈라 꼭지를 떼고 세로로 3등분 한 뒤 반 자른다.

03 믹서에 토마토와 파프리카, 꿀, 물을 넣어 곱게 간다.

+TIP

+ 주스를 만든 뒤 냉장고에 30분 정도 그대로 두면 한결 조화로운 맛이 난다.
+ 꿀은 최소한의 단맛을 위해 조금만 넣었다. 단맛을 더 원할 경우 꿀의 양을 늘린다.

NUTRITION

붉은색의 파프리카는 다른 색의 파프리카에 비해 비타민 C의 함량이 높고 토마토에도
비타민 C가 많이 들어 있어 하루의 피로를 날릴 수 있는 원기 회복 주스로 제격이다.

파프리카 바나나 주스
파프리카 아보카도 파인애플주스

파프리카 바나나 주스

🛒 빨강 파프리카 ½개, 바나나 1개, 레몬즙 1큰술, 얼음 3~4개

🥤 300ml   ⬛ **파프리카 손질**은 p.69 참조.

- - - - -

01 파프리카는 꼭지와 씨를 제거하고 2~3cm 폭으로 길게 자른다. 흰 속살을 없애고 2cm 폭으로 썬다.

02 바나나는 껍질을 벗겨 뚝뚝 떼어내거나 2~3cm 폭으로 썬다.

03 믹서에 파프리카를 먼저 넣고 바나나와 레몬즙, 얼음을 넣어 곱게 간다.

수분이 많은 파프리카는 당질이 많아 영양가가 높은 바나나와 함께 갈아 마시면 궁합이 좋다.

파프리카 아보카도 파인애플 주스

🛒 노랑 파프리카 ⅔개, 아보카도 ½개, 파인애플 링(2cm 두께) 1개, 레몬즙 1큰술, 꿀 1작은술, 물 ½컵, 얼음 1~2개

🥤 450ml   ⬛ **파프리카 손질**은 p.69 참조.

- - - - -

01 파프리카는 꼭지와 씨를 제거하고 2~3cm 폭으로 길게 자른다. 흰 속살을 없애고 2cm 폭으로 썬다.

02 아보가도는 씨를 제거하고 껍질을 빗긴 뒤 듬성듬성 썬다

03 파인애플은 2~3cm 폭으로 썬다.

04 믹서에 파인애플을 먼저 넣고 파프리카, 아보카도를 넣은 뒤 레몬즙과 꿀, 물을 넣어 곱게 간다.

비타미이 풍부한 파프리카. 불포화지방산이 많은 아보카도. 칼슘이 많고 당도가 높은 파인애플을 함께 믹서에 갈아 영양소를 골고루 챙길 수 있다.

토마토 딸기 주스
토마토 레몬 주스

토마토 레몬 주스

🛒 토마토(큰 것) 1개, 레몬즙 2작은술, 소금 약간, 물 2/3컵, 얼음 2개

🥤 350ml

- - - - -

01 토마토는 반 갈라 꼭지를 떼고 세로로 4등분 한 뒤 반 자른다.

02 믹서에 토마토와 레몬즙, 소금, 물, 얼음을 넣어 곱게 간다.

+TIP

+ 토마토 주스에 소금을 약간 넣으면 토마토의 단맛과 풍미가 살아나 한결 맛이 좋아진다.

NUTRITION

토마토는 육류의 산성을 중화시켜 소화를 촉진하는 효과가 있어 고기 요리를 먹은 후
토마토 주스 한 잔을 마시면 위에 부담을 덜 수 있다.

토마토 딸기 주스

🛒 토마토 1개, 딸기 4~5개, 물 2/3컵, 얼음 2개

🥤 400ml

- - - - -

01 토마토는 반 갈라 꼭지를 떼고 세로로 4등분 한 뒤 반 자른다.

02 딸기는 꼭지를 떼고 반 자른다.

03 믹서에 토마토와 딸기, 물, 얼음을 넣어 곱게 간다.

+TIP

+ 딸기가 단맛이 적고 신맛이 강할 때는 꿀을 약간 넣어 단맛을 더한다.

NUTRITION

딸기는 과일 중 비타민 C가 으뜸이며 유기산도 풍부하다.
토마토 딸기 주스를 만들 때 설탕을 넣으면 비타민 B_1과 B_2가 파괴돼 영양 효율이
떨어지므로 우유나 플레인 요구르트, 발효유 등을 넣어 맛을 낸다.

토마토 바질 주스

토마토 주스에 바질 향을 더하고 올리브 오일까지 넣으면 마치 바질 페스토를 더한 토마토 샐러드 혹은
토마토 수프 같은 맛이 난다. 꿀을 넣어 달콤하게 만들기보다 소금으로 토마토의 단맛을 끌어올리는 게 훨씬 잘 어울린다.

토마토(큰 것) 1개, 바질 잎 3~5장, 올리브 오일 1작은술, 소금 1/4작은술,
물 2/3컵, 얼음 1~2개

400ml   브로콜리 손질은 p.69 참조.

01 토마토는 빈 갈라 꼭지를 떼고 세로로 3등분씩 한 뒤 반 자른다.

02 믹서에 토마토와 바질 잎을 넣고 올리브 오일과 소금, 물, 얼음을 넣어 곱게 간다.

+TIP

+ 주스에 허브를 넣을 때는 주재료와 맛과 향의 궁합이 중요하다. 토마토에는 바질이 잘 어울린다.

+ 올리브 오일은 열을 가하지 않았을 때 한결 건강에 도움이 된다. 토마토 주스를 만들 때
올리브 오일을 넣으면 맛이 잘 어우러진다.

+ 요리할 때 단맛이 부족하다고 설탕을 계속 넣는 것보다 소금을 살짝 더하면 단맛이 강하게 느껴진다.
이와 같은 원리로 토마토 주스에 소금을 살짝 넣으면 토마토의 단맛이 진하게 느껴진다.

NUTRITION

바질 특유의 향은 불면증과 신경과민, 두통을 진정시키는 효과가 있어 항산화 비타민을 다량
함유한 토마토와 함께 주스를 만들면 면역력을 높이는 데 도움이 된다.
스트레스를 많이 받는 현대인들이나 수험생에게 특히 좋은 주스다.

토마토 아보카도 바질 주스

항암 효과가 뛰어난 토마토, 식물성 불포화지방산이 많아 동맥경화와 심혈관 질환을 예방하는 아보카도의 궁합은
맛에 앞서 건강을 챙기기 좋다. 묽은 수프처럼 부드러운 느낌의 주스다.

🛒 토마토 1½개, 아보카도 ½개, 바질 잎 5장, 레몬즙 1큰술, 물 ½컵

🥤 450ml

- - - - -

01 토마토는 반 갈라 꼭지를 떼고 세로로 3등분 한 뒤 반 자른다.

02 아보카도는 씨를 제거하고 껍질을 벗긴 뒤 늠성늠성 썬다.

03 믹서에 토마토와 아보카도, 바질, 레몬즙, 물을 넣어 곱게 간다.

+TIP

+ 아보카도는 되도록 잘 익은 것을 넣어야 맛이 고소하고 부드럽다.
+ 약간 되직한 상태의 주스로 포만감을 줄 수 있어 출출한 시간에 한 잔 마시면 든든해지고
  영양까지 챙길 수 있어 일석이조다.

NUTRITION

토마토의 루틴 성분은 혈압을 내리는 작용을 하므로 동물성 지방보다 식물성 불포화지방이 많은
아보기도와 함께 주스를 만들면 건강 효능이 상승한다. 혈압 상승으로 인한 두통을 진정시키는
바질을 넣어 고혈압 환사들이 마시기에도 부담 없다.

토마토 오렌지 주스
토마토 어린잎 주스

토마토 오렌지 당근 주스

토마토, 오렌지, 당근을 함께 믹서에 갈면 선명한 주황색의 예쁜 주스가 된다. 적당히 달콤하고 상큼한 맛이 날 뿐 아니라 비타민 C가 풍부해 원기 회복제 역할을 톡톡히 하는 주스다.

🛒 토마토(큰 것) $1\frac{1}{2}$개, 오렌지 $\frac{1}{2}$개, 당근 2cm, 레몬즙 1큰술

🥤 400ml 📒 **오렌지 손질**은 p.155 참조.

- - - - -

01 토마토는 반 갈라 꼭지를 떼고 세로로 3등분 한 뒤 반 자른다.

02 오렌지는 껍질을 썰어내고 세로로 3등분 한 뒤 씨를 발라낸다.

03 당근은 채 썬다.

04 믹서에 토마토와 오렌지를 먼저 넣고 당근과 레몬즙을 넣어 곱게 간다.

NUTRITION

토마토와 오렌지를 함께 주스로 만들면 비타민 C가 풍부해져 원기 회복에 좋고 숙취 해소에도 도움이 된다. 체내 독소도 배출시키기 때문에 아침 건강 주스로 제격이다.

토마토 어린잎 주스

토마토와 어린잎 채소만 믹서에 갈면 맛이 밋밋할 수 있어 레몬으로 주스의 맛을 상큼하게 살렸다.
과일이 들어가지 않아 사과나 오렌지, 파인애플 등의 과일을 첨가하면 한결 풍부한 맛을 즐길 수 있다.

🛒 토마토(큰 것) 1½개, 어린잎 채소 1줌, 레몬 ¼개, 물 ¼컵

🥤 500ml 🍋 레몬 손질은 p.155 참조.

- - - - -

01 토마토는 반 갈라 꼭지를 떼고 세로로 3등분 한 뒤 반 자른다.

02 어린잎 채소는 물에 한 번 헹구고 물기를 턴다.

03 레몬은 껍질을 썰어내고 적당히 자른 뒤 씨를 발라낸다.

04 믹서에 토마토와 레몬을 먼저 넣고 어린잎 채소를 넣은 뒤 물을 넣어 곱게 간다.

+TIP

\+ 토마토는 빨갛게 잘 익은 것으로 주스를 만들면 한결 맛이 좋다.

\+ 토마토와 어린잎 채소만으로는 상큼함이 부족해 레몬으로 새콤한 맛을 더해 상큼한 주스를 만든다.

\+ 레몬이 없을 때는 시판 레몬즙을 약간 넣어도 된다.

NUTRITION

어린잎 채소는 뮤통 과정에서 박피 절단이나 세척 절단 작업이 없어 미네랄 성분이
소실되지 않고 그대로 보존되므로 다른 채소에 비해 영양가가 높다. 흐르는 물에 헹군 후
토마토와 함께 믹서에 갈면 영양 만점의 주스가 된다.

02
FRUIT JUICE
과 일 로
만 드 는
주 스

건강을 생각한다면 비타민제를 한 움큼 챙겨 먹
는 것보다 천연 비타민이 들어 있는 식품을 섭취
하는 편이 낫다. 생과일 주스를 마시면 쉽고 간
단하게 비타민을 섭취할 수 있고 여러 가지 과일
을 두루 즐길 수 있어 두 마리 토끼를 한 번에 잡
는 격이다. 과일별로 어울리는 재료를 더해 더
맛있고 건강하게 주스를 즐기는 법을 제안한다.

키위는 물에 한 번 씻고 껍질을 벗긴다.

길이로 4등분 한 뒤 다시 반 자른다.

믹서에 수분이 많은 과일인 파인애플부터
먼저 넣는다.

믹서에 키위와 귤을 넣는다.

섬유질이 많은 루콜라는 마지막에 넣는다.

파인애플 링은 2~3cm 폭으로 썬다.

루콜라는 2~3cm 길이로 자른다.

귤은 껍질을 벗기고 2~3개씩 나눈다.

믹서에 재료가 잘 갈리도록 물을 약간만 넣는다.

믹서를 2~3회 정도 세게 돌려 재료를 어느 정도 간 다음 단번에 곱게 간다.

딸기 & 블루베리

새콤달콤함이 입맛을 돋우고 달고 부드러운
맛이 다른 과일과도 잘 어울린다. 잘 익어 단맛이
풍부한 것을 사용하면 주스의 맛이 한결 좋다.
딸기는 큰 것은 반 자르고 작은 것은 그대로 간다.

● 주스의 농도 조절

수분이 많은 채소나 과일을 넣어 주스를 만들 때는
물을 넣지 않아도 되지만 바나나나 망고처럼 수분이
적은 과일을 더할 때는 물을 약간 넣는다. 우유나
두유와도 맛이 잘 어울린다.

● 맛 내기 포인트

망고나 바나나를 더하면 부드러운 맛이, 사과나
파인애플을 더하면 상큼한 맛이 난다. 새콤한
맛이 강할 때는 꿀을 약간 넣어 맛을 희석시킨다.

● 영양

딸기 딸기는 레몬보다 비타민 C가 2배 많으며
신진대사를 원활하게 해 원기 회복과 체력을
보강하며 면역력을 높여 각종 질병을 예방한다. 특히
피부를 건강하게 하고 멜라닌 색소의 생성을 억제해
기미, 주근깨를 예방하는 데 효과적이다. 딸기 속
철분은 빈혈을 예방하고 혈색을 좋게 한다. 항산화
작용이 뛰어나 노화를 방지하고 스트레스 해소에도
도움이 된다.

블루베리 월등히 높은 산화 방지 기능을 하는
블루베리는 암 예방은 물론 활성산소를 억제해
노화를 방지한다. 블루베리가 건강에 좋은 이유
중 하나는 보라색 색소인 안토시아닌 덕분이다.
안토시아닌은 눈 건강에 도움을 줘 시력을 회복하고
눈의 피로를 풀며 활성산소의 활동을 억제하는
기능이 있다. 또한 블루베리와 비타민 C를 함께
섭취하면 비타민 C의 흡수율을 높여준다.

딸기 파인애플
셀러리 민트 주스

새콤한 딸기에 잘 익은 파인애플로 단맛을,
셀러리로 시원하고 향긋한 맛을 더한다. 민트 잎 몇 장을 함께 넣고
믹서에 갈면 청량하고 개운한 주스가 된다.

딸기 10개, 파인애플 링(2cm 두께) 1개, 셀러리 줄기 12cm, 민트 잎 5장, 물 ½컵

400ml

- - - - -

01 딸기는 꼭지를 떼고 반 자른다.

02 파인애플은 2~3cm 폭으로 자른다.

03 셀러리는 1cm 길이로 썬다.

04 믹서에 딸기와 파인애플을 먼저 넣고 셀러리와 민트 잎을 넣은 뒤
물을 부어 곱게 간다.

+TIP

+ 손질되지 않은 파인애플을 통째로 구입했을 경우 p.168를 참조하고, ⅛통 정도를 넣으면 된다.

NUTRITION

몸에 비타민 C를 채우기 좋은 딸기에 새콤달콤한 파인애플을 넣어 맛과 영양도
생각한 주스다. 딸기에 무속한 식이섬유는 셀러리로 보충해 나이어트 중이거나
변비가 있을 때 마시면 도움이 된다.

딸기 두유

딸기에 물 대신 두유를 넣고 갈아 맛이 부드럽고 단백질이 풍부한 주스. 식사 대용으로 마시면 활력을 더하고,
영양을 채울 수 있다. 딸기 맛이 진해 두유를 싫어하는 사람이 먹기에도 부담스럽지 않다.

딸기 10개, 두유(성분 무조정) 1컵, 꿀 2작은술, 얼음 2~3개

450ml

- - - - -

01 딸기는 꼭지를 떼고 반 자른다.

02 믹서에 딸기를 넣고 두유를 부은 뒤 꿀과 얼음을 넣어 곱게 간다.

+TIP

+ 가공 두유가 아닌 성분 무조정 두유를 마셔야 건강에 이롭고 다이어트에도 좋다.
+ 차게 먹는 게 싫을 때는 얼음을 빼고 믹서에 간다.
+ 단맛이 많은 딸기일 경우 꿀은 1작은술만 넣거나 넣지 않아도 된다.

NUTRITION

두유에 풍부한 필수아미노산은 성장기 아이들에게 꼭 필요한 영양소다.
음식을 통해 충분한 양의 필수아미노산을 섭취하지 못하면 체내에서 단백질 합성이
잘 이루어지지 않는다. 딸기와 두유는 아이들 성장에 꼭 필요한 영양을 공급해준다.

딸기 메이플 탄산 주스

딸기 주스에 톡 쏘는 탄산수를 섞고 메이플 시럽으로 맛과 향을 더해 시원하게 마시는 여름 주스.
딸기를 갈아 컵에 붓고 먹기 전에 탄산수를 부으면 보기에도 예쁘고 톡톡 터지는 탄산을 생생하게 느낄 수 있다.

🛒 딸기 7~8개, 식초(또는 레몬즙)·메이플 시럽 1큰술씩, 탄산수(무가당) 2/3컵, 얼음 적당량

🥤 250ml

- - - - -

01 딸기는 꼭지를 떼고 반 자른다.

02 식초와 메이플 시럽을 고루 섞는다.

03 믹서에 딸기와 ②를 넣고 딸기 과육이 팥알 크기로 남아 있게 거칠게 간다.

04 컵에 ③의 딸기 주스를 붓고 얼음을 담은 뒤 탄산수를 천천히 따라 붓는다.

05 먹기 직전에 섞어 마신다.

+TIP

+ 식초의 새콤한 맛은 리프레시하는 데 도움을 준다.
+ 딸기는 주스로 마실 때 과육이 어느 정도 있으면 보기 좋고 씹는 맛도 느낄 수 있다.
+ 메이플 시럽 대신 꿀을 넣어도 된다.

NUTRITION

비타민 C가 특히 많은 딸기는 더운 여름철에 활력을 주는 과일이다

딸기 바나나 우유

새콤한 딸기와 달콤한 바나나는 맛의 궁합이 잘 맞는다. 물 대신 우유를 넣어 주스를 만들면 한층 부드럽게 마실 수 있다.
바나나와 우유는 한 끼를 든든하게 대신할 수 있으므로 식사 대용 영양 주스로 활용하면 좋다.

딸기 10개, 바나나 1개, 우유 ½컵, 얼음 2~3조각

400ml

- - - - -

01 딸기는 꼭지를 떼고 반 자른다.

02 바나나는 껍질을 벗겨 뚝뚝 떼어내거나 2~3cm 길이로 썬다.

03 믹서에 딸기를 먼저 넣고 바나나를 넣은 뒤 우유를 붓고 얼음을 넣어 곱게 간다.

+TIP

+ 아침에 마실 때는 찬 음료가 부담스러울 수 있으니 얼음을 빼고 믹서에 간다.

+ 바나나는 푹 익어 단맛이 많이 오른 것을 활용하면 한결 맛있다.

+ 딸기와 바나나를 잘라 얼렸다가 물을 약간 넣어 믹서에 갈면 여름철 시원하게 즐길 수 있는
  맛 좋은 딸기 바나나 스무디가 완성된다.

NUTRITION

딸기는 신진대사를 원활하게 하고 바나나는 당도가 높아 한 끼 식사를 대신할 수 있으므로
나른하고 출출한 오후에 딸기 바나나 주스 한 잔 마시면 활력을 되찾을 수 있다.

딸기 파슬리 주스
딸기 바나나 파프리카 주스

딸기 파슬리 주스

🛒 딸기 15개, 이탈리안 파슬리 3~4줄기(일반 파슬리 1줄기), 물 ½컵

🥤 300ml

- - - - -

01 딸기는 꼭지를 떼고 반 자른다.

02 파슬리는 긴 줄기를 잘라내고 잎 부분만 2cm 길이로 썬다.

03 믹서에 딸기를 먼저 넣고 이탈리안 파슬리를 넣은 뒤 물을 부어 곱게 간다.

딸기와 파슬리는 카로티노이드계 색소를 지닌 식품으로 비타민 A와 C가 풍부하다.
면역력을 높여 눈의 피로, 시력 저하를 개선하므로 책을 많이 보는 수험생들에게 좋은 주스다.
세포 재생을 촉진해 스트레스로 위장병을 앓는 사람에게도 좋다.

딸기 바나나 파프리카 주스

🛒 딸기 10개, 바나나 1개, 빨강 파프리카 ½개, 레몬즙 1큰술

🥤 400ml   📋 **파프리카 손질**은 p.69 참조.

- - - - -

01 딸기는 꼭지를 떼고 반 자른다.

02 바나나는 껍질을 벗겨 뚝뚝 떼어내거나 2~3cm 길이로 썬다.

03 파프리카는 꼭지를 떼고 씨를 털어낸 다음 세로로 3등분 해
하얀 속살을 제거하고 2~3cm 크기로 자른다.

04 믹서에 딸기와 파프리카를 먼저 넣고 바나나를 넣은 뒤 레몬즙을 넣어 곱게 간다.

비타민 C의 보고라 할 수 있는 딸기와 파프리카를 함께 갈아 매일 마시면 기미, 주근깨 등의
잡티 생성을 억제하고, 안색을 맑게 하며 피부 진정에도 효과가 있다.

블루베리 두유

달콤한 블루베리에 고소한 두유와 새콤한 플레인 요구르트를 넣어 풍성한 맛을 즐길 수 있다.
꿀을 넣어 단맛을 더해 아이들도 좋아하며 어른에게는 출출함을 달래는 간식으로 손색없다.

블루베리 ⅓컵(50g), 두유(성분 무조정) ⅔컵, 플레인 요구르트 2큰술, 꿀 1큰술, 얼음 3~4개

300ml

- - - - -

01 블루베리는 깨끗이 씻어 물기를 뺀다.

02 믹서에 블루베리를 넣고 두유와 플레인 요구르트, 꿀을 넣은 뒤
일음을 넣어 곱게 산나.

+TIP

+ 냉동 블루베리는 실온에 잠시 두어 살짝 녹여 사용한다.

+ 재료가 모두 차가울 경우에는 얼음을 넣지 않아도 된다.

+ 블루베리만 갈아 플레인 요구르트에 꿀과 함께 섞으면 남녀노소 누구나 좋아하는 영양 간식이 된다.

NUTRITION

항산화성분을 다량 함유한 블루베리는 주스로 섭취하면 염증성 질환의 감염을
막을 수 있고 두유의 식물성 단백질, 요구르트의 젖산과 칼슘을 함께 섭취할 수 있다.
매일 아침 공복에 마시면 배변 활동도 좋아진다.

블루베리 바나나 파프리카 주스
블루베리 망고 케일 주스

블루베리 바나나 파프리카 주스

블루베리 1컵(200g), 바나나 1개, 빨강 파프리카 ⅓개, 레몬즙 1큰술

400ml   **파프리카 손질**은 p.69 참조.

- - - - -

01 블루베리는 깨끗이 씻어 물기를 뺀다.

02 바나나는 껍질을 벗겨 뚝뚝 떼어내거나 2~3cm 길이로 썬다.

03 파프리카는 꼭지와 씨를 제거한 뒤 반 잘라 가운데 하얀 속살을 제거하고 다시 반 자른다.

04 믹서에 블루베리와 파프리카를 먼저 넣고 바나나와 레몬즙을 넣은 뒤 곱게 간다.

항암 효과가 뛰어난 블루베리와 칼륨이 많아 혈압을 낮춰주는 바나나, 면역력을 높여주는 파프리카를
믹서에 곱게 갈아 걸쭉하게 마시는 건강 주스. 특히 갑자기 올라가는 혈압을 안정시키기에 안성맞춤이다.

블루베리 망고 케일 주스

블루베리 1컵(200g), 망고 1개, 라임 ½개, 케일 1장, 물 1컵

500ml   **망고 손질**은 p.105 참조.

- - - - -

01 블루베리는 깨끗이 씻어 물기를 뺀다.

02 망고는 가운데 씨를 중심으로 3등분 한 뒤 껍질을 벗기지 않은 채 과육에만 길게
여러 술 칼집을 내고 숟가락으로 떠서 과육을 발라낸다. 씨에 붙은 과육도 잘라낸다.

03 라임은 껍질을 벗기고 씨를 모두 제거한 뒤 과육을 작게 자른다.

04 케일은 반 잘라 2cm 폭으로 썬다.

05 믹서에 블루베리와 라임을 먼저 넣고 망고와 케일을 넣은 뒤 물을 부어 곱게 간다.

블루베리 속 안토시아닌은 뇌세포의 기능을 활발하게 하고 케일과 망고의 섬유질은 장운동을 돕는다.
변비를 해소하고 기억력을 향상시키는 데 좋은 주스.

블루베리 사과 아보카도 주스

블루베리에 사과를 넣어 달콤한 맛과 향을 더하고 아보카도가 부드러움과 고소함을 더한다.
물을 넣어 묽은 것보다 약간 걸쭉하게 마시는 게 맛있다.

블루베리 1컵(200g), 사과 $1/4$개, 아보카도 $1/8$개, 물 $1/2$컵

300ml　사과 손질은 p.145 참조.

01　블루베리는 깨끗이 씻어 물기를 뺀다.

02　사과는 깨끗이 씻고 씨 부분을 도려낸 뒤 껍질째 2cm 폭으로 썬다.

03　아보카도는 껍질을 벗기고 듬성듬성 썬다.

04　믹서에 사과를 먼저 넣고 블루베리와 아보카도를 넣은 뒤 물을 부어 곱게 간다.

+TIP

+ 아보카도를 넣으면 아보카도의 부드러움 때문에 부드러운 거품이 있는 걸쭉한 주스가 된다.

+ 냉동 블루베리를 사용하면 시원한 스무디처럼 마실 수 있다.

NUTRITION

블루베리와 마찬가지로 케르시틴을 다량 함유한 사과는 암 예방과 노화 방지에 좋다.
사과는 또한 비타민 A와 C가 풍부해 흡연자들에게도 좋다. 비타민 E의 효과로 눈 건강에 좋은
아보카도까지 더해 노인들을 위한 건강 주스로 좋다.

망고 & 복숭아

부드러운 단맛이 특징이라 신선한 채소와 잘
어울린다. 과육은 부드럽지만 껍질이 질기고,
특히 복숭아 껍질은 거친 털도 있어 껍질을 벗기고
주스를 만들어야 마시기 좋다.

● 주스의 농도 조절

과육이 부드럽고 수분이 많지 않아 물이나 우유
등으로 수분을 보충해야 믹서에 잘 갈리고 마시기
좋은 농도가 된다.

● 맛 내기 포인트

단맛이 많아 신선한 푸른 잎 채소와 함께 믹서에
갈아도 전혀 거부감 없이 맛있게 영양을 보충할 수
있다. 레몬을 넣으면 새콤함이 더해져 한결 맛이 좋다.

● 영양

망고 베타카로틴과 폴리페놀이 많아 항암 작용이
뛰어날뿐더러 과육이 부드러워 노인들이 먹기에 좋은
과일이다. 비타민 A와 C도 풍부해 기미, 주근깨, 잡티
제거를 도와 맑고 깨끗한 피부로 가꿔주며 면역력도
높인다. 또한 비타민 A는 시력 보호는 물론 눈의
피로를 풀어준다.

복숭아 복숭아에 풍부하게 들어 있는 펙틴 성분은
장운동을 원활하게 해 변비를 없애고 비타민과 함께
작용해 원기 회복과 면역력 강화에 좋다. 콩나물처럼
복숭아에도 아스파라긴산이 많아 숙취 해소에 좋다.
복숭아는 단맛이 많은 과일이지만 당분이 10%
이하이기 때문에 칼로리가 낮아 다이어트 중에
먹어도 부담 없는 과일이다.

● 망고 손질법

망고는 가운데 씨를 중심으로 씨 가까이에 칼을 넣어 3등분 한다.

껍질을 벗기지 않은 채로 과육에만 가늘고
길게 칼집을 넣는다.

껍질 가까이까지 깊숙하게 숟가락을 집어넣어 망고 과육을 떠낸다.

껍질에 남은 과육은 숟가락으로 긁어내고
씨에 붙은 과육도 말끔히 잘라낸다.

망고 곡물 두유

망고에 두유와 미숫가루를 넣어 만든 부드럽고 고소한 퓨전 주스. 수분이 많은 과일이 들어가지 않아 걸쭉한 상태로 마신다.
한 끼 식사로 충분한 열량이므로 간단히 식사를 해결해야 할 때 좋다.

망고(작은 것) 1개, 두유(성분 무조정) 1컵, 미숫가루 1큰술, 꿀 1작은술, 얼음 2~3개

500ml   망고 손질은 p.105 참조

- - - - -

01 망고는 가운데 씨를 중심으로 3등분 하고 껍질을 벗기지 않은 채
과육에 칼집을 길게 여러 줄 넣어 과육을 가른다. 그런 다음 숟가락을 껍질과
과육 사이에 넣어 과육만 끼낸다. 껍질에 남은 과육은 숟가락으로 일뜰하게 긁어낸다.

02 믹서에 망고와 두유, 미숫가루, 꿀, 얼음을 넣어 곱게 간다.

+TIP

+ 망고를 손질할 때는 껍질을 벗기지 않은 채로 과육을 발라내는 게 편하다.
+ 망고 씨에 붙어 있는 과육도 깨끗하게 잘라낸다.
+ 믹서에 얼음을 함께 갈아 맛이 싱거워지는 게 싫다면 얼음을 채운 잔에 주스를 따라 시원하게 마신다.

NUTRITION

여러 가지 곡류를 높은 온도에서 볶아낸 후 믹서에 갈이 만든 고소한 미숫가루는
열량원은 되지만 비타민이 부족하므로 비타민 A와 C, 유기산이 풍부하게 들어 있는
망고를 더하면 영양은 물론 열량까지 채울 수 있다.

망고 당근 주스

선명한 주황색 주스로 보는 것만으로도 예쁜 망고 당근 주스. 물을 많이 넣지 않아 약간 걸쭉하지만 물의 양을 늘리면
맛이 옅어지니 그대로 마시는 게 맛있다. 당근의 맛과 향이 진하지 않아 당근을 싫어하는 사람도 거부감 없이 마실 수 있다.

🛒 망고 1개, 당근 ⅓개, 물 ½컵, 얼음 3~4개

🥤 350ml　📱 망고 손질은 p.105 참조.

- - - - -

01　망고는 가운데 씨를 중심으로 3등분 하고 껍질을 벗기지 않은 채 과육에 칼집을
　　길게 여러 줄 넣어 과육을 자른다. 그런 다음 손가락을 껍질과 과육 사이에 넣어
　　과육만 꺼낸다. 껍질에 남은 과육은 손가락으로 알뜰하게 긁어낸다.

02　당근은 깨끗이 씻어 강판에 간다.

03　믹서에 망고를 넣고 ②의 당근과 물, 얼음을 넣어 곱게 간다.

+TIP

+ 당근을 강판에 갈면 믹서에 쉽게 갈릴 뿐 아니라 주스를 마실 때 씹히는 맛이 있어 마시는 재미를 준다.
+ 냉동 망고를 사용할 경우 망고 1개 기준으로 냉동 망고는 1 ½컵을 넣으면 된다.

NUTRITION

망고와 당근 모두 비타민 A가 많이 들어 있어 눈 건강을 위한 최고의 주스나.
시력이 떨어지는 노인이나 공부하는 시간이 많은 청소년, 성장기 아이들에게 좋다.

망고 홍시 셀러리 주스
망고 레몬 바나나 주스

망고 홍시 셀러리 주스

- 망고 · 홍시(또는 냉동 홍시) 1개씩, 셀러리 줄기 10cm, 레몬즙 1큰술, 얼음
- 300ml **망고 손질은 p.105 참조.**

01 망고는 가운데 씨를 중심으로 3등분 하고 껍질을 벗기지 않은 채 과육에 칼집을 길게 여러 줄 넣어 과육을 자른다. 그런 다음 숟가락을 껍질과 과육 사이에 넣어 과육만 꺼낸다. 껍질에 남은 과육은 숟가락으로 알뜰하게 긁어낸다.

02 홍시는 꼭지를 떼고 4등분 해 씨를 발라낸 뒤 껍질을 벗긴다.

03 셀러리는 1cm 길이로 썬다.

04 믹서에 망고를 먼저 넣고 홍시와 셀러리를 넣은 뒤 레몬즙과 얼음을 넣어 곱게 간다.

NUTRITION

포도당과 과당을 함유한 홍시의 단맛은 소화 흡수가 잘되며 설사를 멎게 하는 작용이 있다.
특히 홍시의 과당은 간에서 알코올 분해를 도와 숙취 해소에도 좋다.

망고 레몬 바나나 주스

- 망고 · 바나나 1개씩, 레몬 1/2개, 물 1컵
- 500ml **망고 손질은 p.105, 레몬 손질은 p.155 참조.**

01 망고는 가운데 씨를 중심으로 3등분 하고 껍질을 벗기지 않은 채 과육에 칼집을 길게 여러 줄 넣어 과육을 자른다. 그런 다음 숟가락을 껍질과 과육 사이에 넣어 과육만 꺼낸다. 껍질에 남은 과육은 숟가락으로 알뜰하게 긁어낸다.

02 바나나는 껍질을 벗겨 뚝뚝 떼어내거나 2~3cm 길이로 썬다.

03 레몬은 껍질을 벗기고 4등분 한 뒤 씨를 뺀다.

04 믹서에 레몬을 먼저 넣고 망고와 바나나를 넣은 뒤 물을 부어 곱게 간다.

NUTRITION

망고는 수분과 섬유질이 많은 과일이라 장운동을 활발하게 하고 소화를 촉진하며
레몬의 상큼함이 더해져 식사 후에 마시기 좋은 주스다.

복숭아 양상추 주스
황도 밀크

복숭아 양상추 주스

복숭아 1½개, 양상추 잎(큰 것) 1장, 물 1컵

400ml

- - - - -

01 복숭아는 껍질을 벗기고 반 갈라 씨를 제거한 뒤 한입 크기로 자른다.

02 양상추는 짙은 녹색인 잎을 골라 사방 2cm 크기로 썬다.

03 믹서에 복숭아를 먼저 넣고 양상추를 넣은 뒤 물을 부어 곱게 간다.

복숭아와 양상추는 알칼리성식품이기 때문에 저항력을 기르는 데 도움이 된다.
면역력이 떨어져 잔병치레가 많은 아이나 호흡기가 좋지 않은 사람이 마시면 건강에 좋다.

황도 밀크

통조림 황도 2쪽(또는 황도 1개), 물 1컵, 얼음 2~3개, 아이스크림(딸기 맛) 50g

380ml

- - - - -

01 통조림 황도는 길게 3등분 한 뒤 반 자른다.

02 믹서에 황도와 물, 얼음을 넣어 곱게 간다.

03 컵에 ②의 황도 주스를 붓고 주스 위에 아이스크림을 올린다.

04 숟가락으로 아이스크림과 함께 주스를 떠 먹는다.

눈에 좋은 비타민 A와 칼슘, 유기산이 많은 황도는 성장기 아이들을 위한 여름철 간식으로 좋다.

복숭아 바나나 청경채 주스

청경채가 2포기나 들어가지만 복숭아와 바나나의 맛과 향 덕분에 채소를 싫어하는 사람도 편하게 마실 수 있다.
오히려 청경채의 신선한 맛이 개운함을 주니 얼음을 넣어 시원하게 마셔도 좋다.

복숭아 1개, 바나나 ½개, 청경채 2포기, 물 1컵

500ml

- - - - -

01 복숭아는 껍질을 벗기고 반 갈라 씨를 제거한 뒤 과육만 썰어내 한입 크기로 자른다.

02 바나나는 껍실을 벗겨 뚝뚝 떼어내거나 2~3cm 길이로 썬다.

03 청경채는 뿌리 부분을 잘라 낱낱이 나누고 2cm 길이로 썬다.

04 믹서에 복숭아, 청경채, 바나나 순으로 넣고 물을 부어 곱게 간다.

+TIP

+ 복숭아는 살짝 눌렀을 때 단단한 것보다 연하고 짓눌린 흔적이 없는 것을 고른다.

+ 생 복숭아 대신 통조림 복숭아 2쪽을 넣으면 단맛이 좋아진다.

NUTRITION

청경채로 만든 주스는 열을 식히거나 위장 상태를 조절하는 작용을 해 음주 후 속이 메스꺼울 때
숙취 해소로 마시면 좋다. 바나나로 열량을 보충하고 복숭아의 싱금한 향이 어우러져
속을 달래는 주스로도 그만인 반면, 속이 찬 사람은 많이 마시면 배가 아플 수 있으니 주의한다.

천도복숭아 바나나 시금치 주스

천도복숭아는 껍질에 털이 없고 영양이 많으므로 껍질째 먹는 게 좋다. 바나나는 든든함을 더하고, 시금치는 무기질을
채울 수 있어 여름철 기력이 떨어질 때 주스로 마시면 활력을 되찾을 수 있다. 시금치 맛이 강하지 않아 누구나 즐기기 좋다.

천도복숭아 1개, 바나나 1/2개, 시금치 2포기, 레몬 1/4개, 물 1/2컵

250ml

01 천도복숭아는 깨끗이 씻고 껍질째 반 갈라 씨를 제거한 뒤 과육만 썰어내
    한입 크기로 썬다.

02 바나나는 껍질을 벗겨 뚝뚝 떼어내거나 2~3cm 길이로 썬다.

03 시금치는 뿌리를 잘라내고 깨끗이 씻어 물기를 턴 뒤 2cm 길이로 썬다.

04 레몬은 껍질을 벗기고 반으로 잘라 씨를 발라낸다.

05 믹서에 레몬과 천도복숭아를 먼저 넣고 시금치와 바나나 순으로 넣은 뒤
    물을 부어 곱게 간다.

+TIP

+ 기호에 따라 레몬 껍질을 소량 넣으면 레몬 향이 더해져 한결 상큼해진다.

NUTRITION

천도복숭아는 껍질에 들어 있는 성분이 해독 작용을 하므로 껍질째 이용하는 게 좋다.
천도복숭아의 신맛과 향이 바나나의 달콤한 맛과 잘 어우러질 뿐 아니라 부족하기 쉬운 무기질을
시금치로 보완할 수 있는 영양 만점 여름 주스.

바나나

바나나는 부드럽고 단맛이 많으며 특유의 향이 좋다. 수분이 많은 과일과 함께 주스를 만들면 부드럽고, 향이 짙은 채소와도 잘 어울린다. 포만감을 주므로 식사 대용 주스를 만들 때 제격이다.

● 주스의 농도 조절

수분이 거의 없는 과일이어서 수분이 많은 과일을 더해 주스를 만들거나 물이나 얼음 등의 수분을 첨가한다. 우유를 섞으면 바나나와 잘 어우러져 한결 부드럽게 마실 수 있다.

● 맛 내기 포인트

새콤달콤한 딸기, 오렌지, 파인애플 같은 과일과 조화를 이루며 셀러리나 파슬리처럼 향이 짙은 채소나 생강즙을 약간 넣어도 입맛을 돋울 수 있다.

● 영양

바나나는 칼륨 및 미네랄이 풍부해 영양 공급원으로 좋은 과일이다. 게다가 체내 흡수가 빠르고 에너지원으로 쉽게 바뀌어 운동 후에 먹기 좋고 땀을 많이 흘리는 여름철 원기 회복에도 좋다. 나트륨을 과잉 섭취하면 혈액의 흐름이 나빠지는데, 바나나는 나트륨을 배출하는 효과도 있어 각종 심장 질환을 예방하며 염분 섭취가 많은 한국인의 식습관에 도움이 된다. 또한 바나나 껍질 안쪽 흰 부분은 항산화력이 높아 노화 방지에도 좋다.

바나나 요구르트

요구르트의 산미가 바나나의 부드러운 단맛을 이끌어낸다.
장에 좋은 발효유를 넣어 배변을 도와주고 든든한 아침 식사 대용으로도 좋다.

바나나 1개, 발효유 1컵, 우유 1/3컵, 얼음 1~2개

400ml

- - - - -

01 바나나는 껍질을 벗겨 뚝뚝 떼어내거나 2~3cm 길이로 썬다.

02 믹서에 바나나와 발효유, 우유, 얼음을 넣어 곱게 간다.

+TIP

+ 바나나가 후숙되면서 생기는 검은 점을 '슈거 스폿(sugar spot)'이라 하며 이때 당도가 가장 높다.
검은 점이 생겼을 때 주스를 만드는 게 맛있다.

+ 바나나에 검은 점이 생겼을 때 껍질을 벗겨 랩으로 감싸 얼려두면 언제든 간편하게
바나나 주스를 만들 수 있다.

NUTRITION

딜 익은 초록색 바나나는 신분을 넣이 함유하고 있어 소화효소로 분해되기 어렵기 때문에
소장에서 잘 흡수되지 않고 대장에서 유산균의 먹이가 된다. 발효유나 요구르트와 함께 먹으면
대장 기능을 개선하는 데 효과를 볼 수 있다.

바나나 파인애플 파슬리 주스

영양 공급원으로 좋은 바나나를 넉넉하게 넣어 식사 대용으로 좋다. 파인애플의 단맛이 파슬리의 쓴맛은 줄이고,
영양은 살려 부드럽게 마실 수 있게 도와준다. 비타민이 풍부한 과일과 채소에 생강즙까지 넣어 감기 예방에도 좋은 주스.

바나나 2개, 이탈리안 파슬리 4줄기(일반 파슬리 1줄기), 파인애플 링(2cm 두께) 1개,
레몬즙 2큰술, 생강즙 1작은술

250ml

01 바나나는 껍질을 벗겨 뚝뚝 떼어내거나 2~3cm 길이로 썬다.

02 이탈리아 파슬리는 2cm 길이로 썰고, 파인애플은 2~3cm 폭으로 썬다.

03 믹서에 파인애플을 먼저 넣고 이탈리안 파슬리와 바나나를 넣은 뒤
생강즙과 레몬즙을 넣어 곱게 간다.

+TIP

+ 손질되지 않은 파인애플을 통째로 구입했을 경우 p.168를 참조하고, 1/8통 정도를 넣으면 된다.

NUTRITION

바나나는 효소 작용으로 갈변 현상이 일어나는데 레몬즙을 넣으면 갈변을 막고
주스의 맛도 좋게 한다. 고 식이섬유 과일인 바나나가 들어가 다이어트하는 사람이
한 끼 대용으로도 좋다.

바나나 오렌지 비타민 생강 주스

바나나에 오렌지와 비타민 등의 채소를 넣으면 은은한 그린 컬러의 예쁜 주스가 된다.
바나나의 맛, 오렌지와 생강의 향이 느껴질 뿐 녹색 채소의 맛은 나지 않아 거부감 없이 마실 수 있다.

바나나 1개, 오렌지 1/2개, 비타민 1포기, 푸른 잎 채소 약간, 생강즙 1작은술, 물 1/2컵

350ml

- - - - -

01 바나나는 껍질을 벗겨 뚝뚝 떼어내거나 2~3cm 길이로 자른다.

02 오렌지는 스퀴저로 즙을 낸다

03 비타민과 푸른 잎 채소는 깨끗이 씻어 물기를 털고 2cm 길이로 썬다.

04 믹서에 오렌지즙을 넣고 채소와 바나나를 넣은 뒤 생강즙과 물을 부어 곱게 간다.

+TIP

+ 오렌지를 믹서에 갈지 않고 즙을 내 넣으면 오렌지의 맛과 향이 은은하게 바나나와 잘 어우러진다.
  오렌지를 믹서에 갈면 오렌지의 맛과 향이 더 짙어진다.
+ 푸른 잎 채소는 다양한 쌈채소나 냉장고 속 자투리 채소 등 무엇을 넣어도 상관없다.

NUTRITION

입맛이 없을 때 은은한 생강 향은 중추신경을 자극해 식욕을 높여준다.
생강은 열관을 확장해 혈액순환을 돕는 효과가 있지만 혈압이 높은 사람은 생강을 빼고 주스를 만드는 게 좋다.
생강즙은 혈액순환을 좋게 하고 식욕을 증진시키는 효과가 있다.

바나나 흑임자 우유
바나나 딸기 우유

바나나 흑임자 우유

- 바나나 1개, 흑임자 1큰술, 우유 1컵, 얼음 3~4개
- 250ml

- - - - -

01 바나나는 껍질을 벗겨 뚝뚝 떼어내거나 2~3cm 길이로 자른다.

02 믹서에 바나나와 흑임자를 넣고 우유와 얼음을 넣어 곱게 간다.

검은깨는 뇌 기능을 활성화하는 데 꼭 필요한 레시틴 성분이 풍부해 학습 능력, 기억력, 집중력을 높여주므로 어린이부터 성인까지 꾸준히 섭취하면 좋다. 하루 8g 섭취로 하루에 필요한 칼슘과 아연의 10% 정도를 보충할 수 있으나 칼슘의 체내 흡수율을 고려해 여유 있게 먹는 게 좋다.

바나나 딸기 우유

- 바나나 1/2개, 딸기 6개, 우유 1컵, 얼음 2~3개
- 250ml

- - - - -

01 바나나는 껍질을 벗겨 뚝뚝 떼어내거나 2~3cm 길이로 자른다.

02 딸기는 꼭지를 떼고 반 자른다.

03 믹서에 딸기를 먼저 넣고 바나나를 넣은 뒤 우유와 얼음을 넣어 곱게 간다.

바나나에 딸기와 우유를 넣어 영양을 높이고 포만감도 느낄 수 있어 식사 대용으로 좋다.

바나나 피망 주스
바나나 셀러리 주스

바나나 셀러리 주스

바나나 2개, 셀러리 잎 1줄기 분량, 레몬즙 1큰술

300ml

- - - - -

01　바나나는 껍질을 벗겨 뚝뚝 떼어내거나 2~3cm 길이로 자른다.

02　셀러리 잎은 깨끗이 씻어 2cm 길이로 썬다.

03　믹서에 셀러리 잎을 먼저 넣고 바나나와 레몬즙을 넣어 곱게 간다.

NUTRITION

염분 배출을 도와주는 칼륨과 조혈 작용을 하는 철분이 풍부한 셀러리는 칼로리가 낮아
다이어트 중인 사람도 부담 없이 먹을 수 있다.

바나나 피망 주스

바나나 2개, 청 피망 1/2개, 레몬즙 1큰술

300ml

- - - - -

01　바나나는 껍질을 벗겨 뚝뚝 떼어내거나 2~3cm 길이로 자른다.

02　피망은 꼭지와 씨를 제거한 뒤 길게 3등분 해 하얀 속살을 잘라내고
2~3cm 크기로 썬다.

03　믹서에 피망을 먼저 넣고 바나나와 레몬즙을 넣어 곱게 간다.

NUTRITION

플라보노이드를 함유한 피망은 주스로 마시면 입안을 깔끔하게 정돈해주며
피부 건강을 책임지는 이너 뷰티 음료로 제격이다.

수박 & 배

90% 이상 수분을 함유하고 있어 여름철 시원하게
먹기 좋은 수박과 85% 이상이 수분으로 구성된
배는 단맛을 낸다. 채소와 함께 주스로 만들어도
잘 어울린다.

주스의 농도 조절

수분이 많아 물을 섞지 않아도 믹서에 잘 갈리고
부드럽게 마실 수 있다. 배는 수박보다 조직이 단단해
바나나처럼 수분이 적은 과일을 함께 믹서에 갈 경우
물을 약간 넣어야 부드럽게 마실 수 있다.

맛 내기 포인트

단맛이 많아 새콤한 과일뿐만 아니라 토마토나
잎채소와도 잘 어울린다. 하지만 수분이 많은 오이를
더하면 맛이 밋밋해진다. 수박은 흰 껍질을 넣으면
주스가 싱거워질 수 있으니 붉은색 과육만 사용한다.

영양

수박 찬 성질을 가진 수박은 열을 내리는 효과가
있어 여름에 잘 맞는 과일이지만 몸이 찬 사람이
많이 먹으면 탈이 날 수 있다. 이뇨·항산화 작용을
하는 리코펜 성분이 있어 활성산소를 제거하고 몸속
노폐물을 배출하는 효과도 있다. 수박의 당분은
몸속에 쉽게 흡수돼 피곤할 때 먹으면 피로를 빨리 풀
수 있다.

배 칼슘이 많은 배는 나트륨을 배출해 혈압을
조절하고 갈증 해소와 함께 간의 활동을 촉진해
숙취를 해소한다. 과음한 다음 날 갈증을 동반한
숙취로 고생한다면 물보다 배 주스를 마시는 것이
훨씬 빠른 해소 효과를 볼 수 있다. 단백질 분해
효소가 풍부해 육류 식사 후 배를 먹으면 소화가
잘되며 호흡기 질환이나 기관지 질환으로 고생할
때도 배를 꾸준히 먹으면 도움이 된다.

수박 손질법

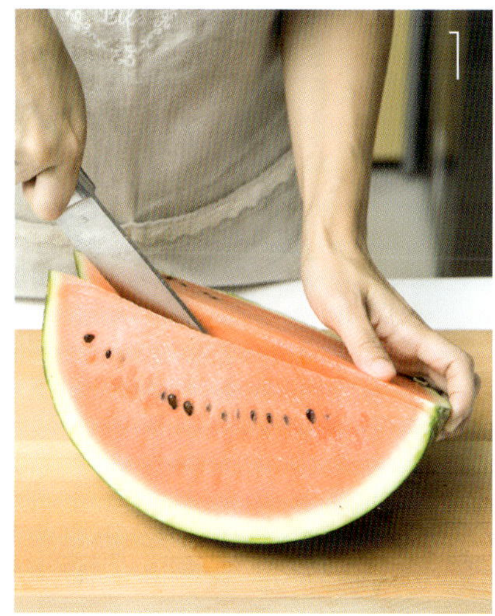

수박은 길게 8등분 한다.

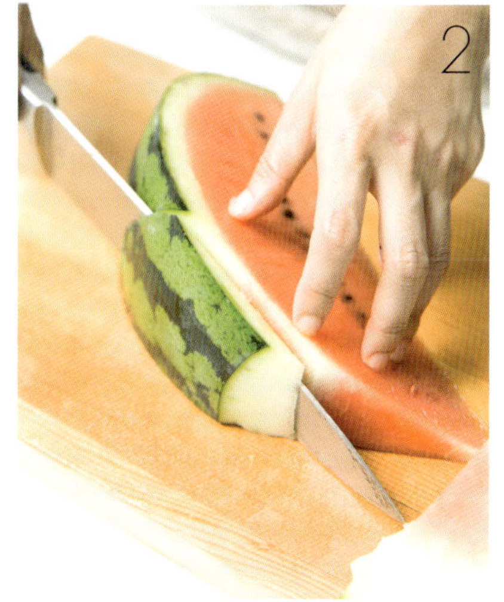

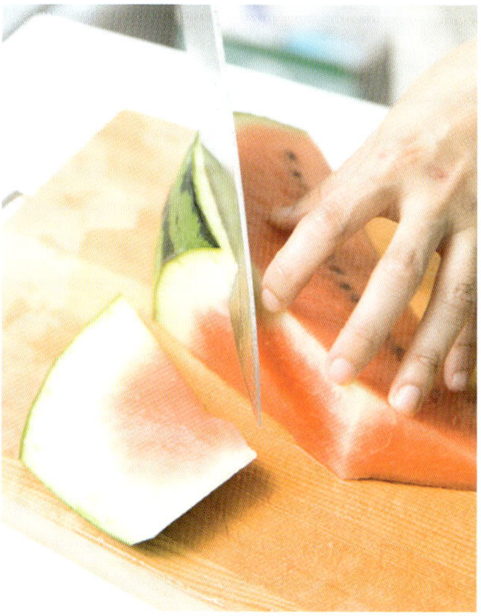

흰 부분과 붉은 부분 경계에 칼을 넣어 흰 껍질 부분을 썰어낸다.

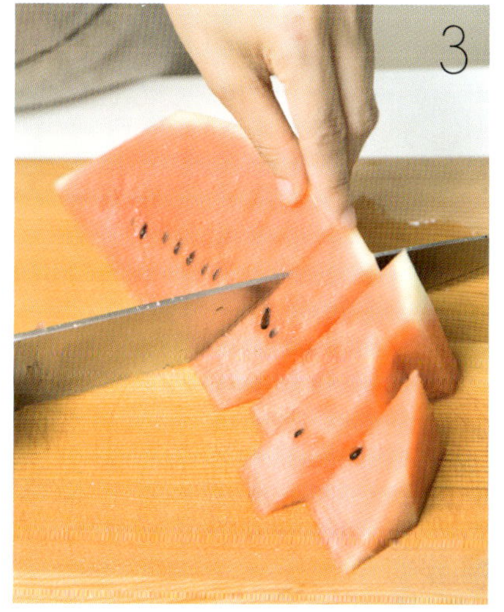

붉은 수박 과육을 2㎝ 폭으로 썬다.

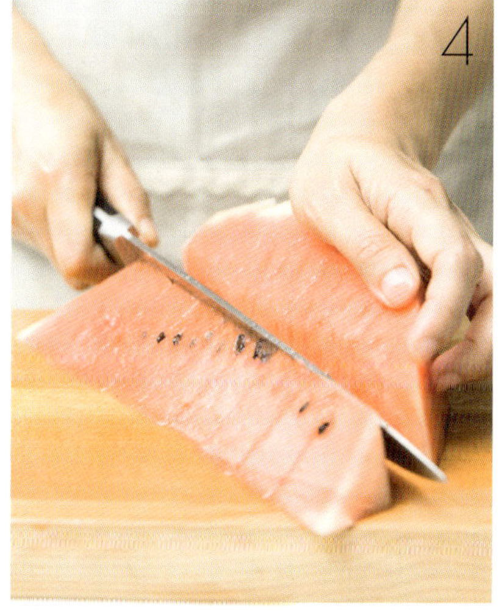

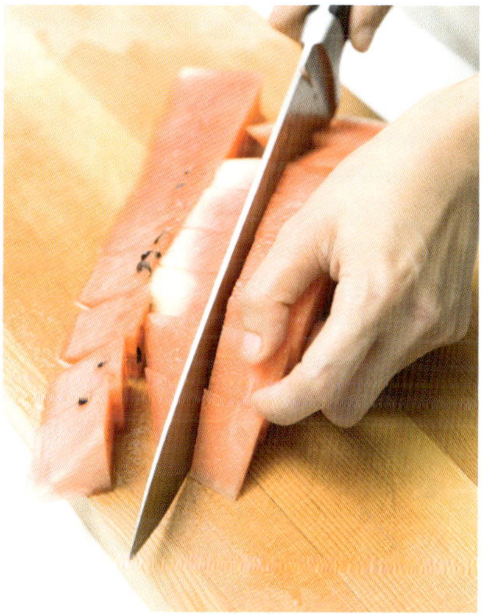

세로로 반 자른 다음 두꺼운 부분을 세워 다시 반 자른다.

수박 주스
수박 로메인 주스

수박 로메인 주스

수박 1/16통(과육 300g), 로메인 4장, 레몬 1/4개

400ml 수박 손질은 p.129 참조.

- - - - -

01 수박은 흰 껍질까지 썰어내고 과육만 3cm 정도 크기로 자른다.

02 로메인 상추는 깨끗이 씻어 물기를 털고 3cm 크기로 썬다.

03 레몬은 껍질을 벗기고 씨를 말끔히 제거한 뒤 반 자른다.

04 믹서에 수박을 먼저 넣고 로메인과 레몬을 넣어 곱게 간다.

NUTRITION

수박은 수분 함량이 90% 이상이며 칼로리도 거의 없는 저칼로리 식품이다.
수분이 많은 로메인과 함께 믹서에 갈아 마시면 무더위 속에서 신경을 안정시키고 갈증을 해소할 수 있다.

수박 주스

수박 1/16통(과육 300g), 얼음 1~2개, 소금 약간

300ml 수박 손질은 p.129 참조.

- - - - -

01 수박은 흰 껍질까지 썰어내고 과육만 3cm 정도 크기로 자른다.

02 믹서에 수박과 소금, 얼음을 넣어 곱게 간다.

TIP

+ 소금은 조금만 넣어야 수박의 단맛과 풍미를 살릴 수 있다.

NUTRITION

수박은 수분 함량이 많아 체내 불필요한 수분을 소변으로 배출시키며
수박에 소금을 첨가하면 더위에 땀으로 소실된 염분을 보충할 수 있어 여름철 탈수를 막는다.

수박 토마토 바질 주스

토마토 요리에 바질을 많이 활용하듯이 서로 맛이 잘 어울리므로 주스에도 응용할 수 있다.
또한 수박과 토마토의 궁합도 잘 맞아 주스로 만들면 개운하게 즐길 수 있다.

🛒 수박 1/16통(과육 300g), 토마토 (큰 것) 1개, 바질 1줄기(또는 바질 잎 3~4장), 소금 약간

👆 500ml 📋 **수박 손질**은 p.129 참조.

- - - - -

01 수박은 흰 껍질까지 썰어내고 과육만 3cm 정도 크기로 자른다.

02 토마토는 반 잘라 꼭지 부분을 잘라내고 듬성듬성 썬다.

03 바질은 잎만 떼어낸다.

04 믹서에 수박을 먼저 넣고 토마토와 바질, 소금을 넣어 곱게 간다.

+TIP

+ 줄기 토마토나 방울토마토를 사용할 경우 줄기 토마토는 4개, 방울토마토는 6~7개 정도 넣는다.

+ 바질은 기호에 따라 분량을 조절해도 된다.

NUTRITION

토마토는 항산화 작용, 수박은 해독 및 해열 작용이 있어 여름에 주스로 마시면 더욱 좋다.
특히 소변의 양이 적거나 신장 기능이 약한 사람에게 권할 만한 주스.

수박 자두 청경채 주스

여름 과일인 수박과 자두는 의외로 맛이 아주 잘 어울린다. 물이 많고 달콤한 수박에 새콤한 자두를 섞어
풍미를 살리고 상큼한 맛을 낸다. 비타민이 풍부한 청경채까지 더한 건강 주스.

수박 ¹/₁₆통(과육 300g), 자두 1개, 청경채 1포기

400ml   수박 손질은 p.129 참조.

01 수박은 흰 껍질까지 잘라내고 과육만 3cm 정도 크기로 자른다.

02 자두는 반 갈라 가운데 씨를 빼고 껍질째 다시 반 자른다

03 청경채는 3cm 길이로 썬다.

04 믹서에 수박을 먼저 넣고 자두와 청경채를 넣어 곱게 간다.

+TIP

\+ 수박 씨에는 영양이 풍부하므로 주스를 만들 때 골라내지 않고 과육과 함께 간다.

\+ 더욱 시원하게 마시고 싶다면 믹서에 얼음 3~4개를 넣어 함께 갈되 맛이 싱거워질 수 있으니
  꿀을 약간 더한다.

NUTRITION

수박의 단맛 성분인 과당과 포도당은 봄속 에너지 대사를 높고 원기 회복에 이롭다.
자두의 비타민과 함께 '비타민의 보고'라는 청경채의 비타민까지 더해
여름철 지친 피로를 풀어주는 최고의 주스.

수박 브로콜리 주스

브로콜리에는 신진대사를 돕고 면역력을 높이는 비타민 A와 베타카로틴, 칼슘의 손실을 막는 비타민 K, 성장에
도움을 주는 철분과 무기질이 풍부하다. 브로콜리를 즐기지 않는 사람도 수박과 함께 갈아 주스로 만들면 쉽게 먹을 수 있다.

🛒 수박 1/16통(과육 300g), 브로콜리 1/4개, 얼음 1~2개

🥤 400ml　📖 **수박 손질**은 p.129, **브로콜리 손질**은 p.21 참조.

- - - - -

01　수박은 흰 껍질까지 잘라내고 과육만 3cm 정도 크기로 자른다.

02　브로콜리 기둥은 작게 자르고 송이는 작게 나눠 끓는 소금물에
　　　살짝 데친 뒤 찬물에 헹구고 물기를 뺀다.

03　믹서에 수박을 먼저 넣고 브로콜리와 얼음을 넣어 곱게 간다.

+TIP

+ 브로콜리 기둥에는 몸에 좋은 영양 성분을 많이 함유해 다른 요리에 쓰고
　남은 것도 주스로 활용하면 좋다.

NUTRITION

브로콜리는 비타민 A와 C가 저항력을 높이고 눈의 피로를 개선하며 학습량이 많은
수험생이나 스트레스를 받아 피로한 직장인들에게 좋다 수박과 함께 주스로 만들이
먹으면 브로콜리의 영양을 고스란히 챙길 수 있다.

배 바나나 파슬리 주스

피로 해소에 좋은 배, 에너지를 채울 수 있는 바나나에 철분이 함유된 파슬리를 더한 에너지 음료. 칼슘까지 보충해 여성과 성장기 아이들 건강에도 좋다. 배와 바나나의 달콤한 맛에 쌉싸래한 파슬리가 어우러져 맛의 궁합도 최고.

배 ½개, 바나나 1개, 이탈리안 파슬리 2줄기(일반 파슬리) ½개, 물 ½컵

500ml

- - - - -

01 배는 세로로 3등분 하고 씨를 제거한 뒤 껍질을 벗겨 2~3cm 폭으로 썬다.

02 바나나는 껍질을 벗겨 뚝뚝 떼어내거나 2~3cm 길이로 썬다.

03 파슬리는 2cm 길이로 자른다.

04 믹서에 배를 먼저 넣고 파슬리와 바나나를 넣은 뒤 물을 부어 곱게 간다.

+TIP

+ 맛과 향이 진한 이탈리아 파슬리가 주스용으로 좋지만 없다면 일반 파슬리를 사용해도 된다.

NUTRITION

배와 바나나는 당과 섬유질이 많으므로 한국인에게 부족하기 쉬운 무기질인 칼슘을 파슬리로 보충했다. 폐경기 이후 골밀도가 감소되는 여성과 골격 성장이 급격한 어린이에게 좋은 음료다.

배 사과 바나나 비타민 주스
배 주스

배 사과 바나나 비타민 주스

배 1/2개, 사과 1/8개, 바나나 1/2개, 레몬 1/4개, 비타민 1포기, 물 1/4컵

300ml

- - - - -

01 배는 세로로 3등분 하고 씨를 제거한 뒤 껍질을 벗겨 2~3cm 폭으로 썬다.

02 사과는 가운데 씨를 제거하고 껍질째 2~3cm 폭으로 썬다.

03 바나나는 껍질을 벗겨 뚝뚝 떼어내거나 2~3cm 폭으로 썬다.

04 레몬은 껍질을 벗기고 씨를 모두 제거한 뒤 반 자른다.

05 비타민은 2cm 길이로 자른다.

06 믹서에 배를 먼저 넣고 사과와 레몬을 넣은 뒤 비타민과 바나나를 넣고
    물을 부어 곱게 간다.

NUTRITION

배는 주로 과당이며 유기산(시과신, 주석신, 구연신)이 적이 유기산이 많은 시과외 잎채소를 함께
믹서에 갈아 마시면 좋다. 육류 식사 후 혹은 과식 후 마시면 소화 흡수에도 도움이 된다.

배 주스

배 1/2개, 꿀 1작은술, 물 1컵, 얼음 1~2개

400ml

- - - - -

01 배는 세로로 3등분 하고 씨를 제거한 뒤 껍질을 벗겨 2~3cm 폭으로 썬다.

02 믹서에 배와 꿀, 물, 얼음을 넣어 곱게 간다.

NUTRITION

배는 수분이 많아 갈증 해소, 변비, 소변 배출에 좋아 숙취 해소를 돕는다.
하지만 과음 후에는 속이 찬 상태이므로 많이 마시면 설사를 할 수 있으니 주의한다.

배 베리 주스

시원하고 달콤한 배에 딸기와 산딸기의 상큼함을 더해 입맛을 돋운다.
얼음을 가득 넣어 스무디처럼 시원하게 즐기는 주스로 아이부터 어른까지 누구나 좋아하는 맛.

배 ½개, 딸기 5개, 산딸기(또는 냉동 라즈베리) 15개, 꿀 1작은술, 얼음 1컵

400ml

- - - - -

01 배는 세로로 3등분 하고 씨를 제거한 뒤 껍질을 벗겨 2~3cm 폭으로 썬다.

02 딸기는 꼭지를 떼고 반 자른다.

03 믹서에 배를 먼저 넣고 딸기와 산딸기를 넣은 뒤 꿀과 얼음을 넣어 곱게 간다.

+TIP

+ 얼음을 굵직하게 갈아 그릇에 담은 뒤 곱게 간 주스를 붓고 연유를 약간 곁들여 섞어 먹으면
  빙수처럼 즐길 수 있다.

+ 얼음 대신 물을 약간 넣고 곱게 간 뒤 얼음을 가득 채운 잔에 부어 마시면 색다른
  시원함을 맛볼 수 있다.

NUTRITION

비타민이 풍부해 면역력을 높이고 원활한 신진대사를 촉진해 피로를 풀어주는 베리류와
나트륨 배출에 좋은 배를 함께 섭취할 수 있어 피곤할 때 마시거나 짠 음식을 먹은 뒤 마시면
입맛도 개운하고 건강에도 도움이 된다.

사과

사과는 대부분의 채소, 과일과 맛이 잘 어울리고
사계절 구할 수 있어 주스를 만들 때 많이
활용하는 과일이다. 특히 향이 짙은 당근,
셀러리와도 잘 어울린다.

● 주스의 농도 조절

적당히 수분이 있지만 수분을 더해 주스를 만들어야
마시기 좋다. 오이나 토마토, 파인애플 등 수분이
많은 재료와 함께 주스를 만들 때는 물을 조금만
넣는다.

● 맛 내기 포인트

사과 특유의 맛과 향은 여러 가지 채소와 두루 어울려
채소를 주재료로 하는 주스에 조금씩 넣으면 누구나
거부감 없이 마실 수 있다. 탄산수를 활용하면 사과의
새콤달콤함이 배가되니 적절히 활용하면 좋다.

● 영양

하루에 사과 한 개만 먹으면 의사가 필요 없다는
말이 있을 정도로 사과는 유기산, 섬유소, 칼슘,
플라보노이드 등 영양이 풍부한 과일이다. 사과
껍질에 풍부한 케르세틴은 항바이러스·항균
작용으로 암을 예방하고 혈관에 찌꺼기가 쌓이는
것을 막아 혈액순환을 원활하게 하므로 사과는
껍질째 먹는 게 훨씬 좋다. 비타민 A와 C도 풍부해
피부 미용에 좋고, 사과의 유기산은 피로와 숙취 해소
효과도 있다. 사과는 위액 분비를 촉진해 소화를
돕지만 밤에 먹으면 속이 쓰릴 수 있으니 주의한다.

사과 손질법

사과는 껍질째 깨끗이 씻고 표면을 한 번 더 깨끗이 닦는다.

반 자르고 크기에 따라 세로로 2~3등분씩 한다.

가운데 씨가 있는 부분을 노려내고 양 끝 꼭지도 잘라낸다.

크기에 따라 3~4등분 한다.

사과 토마토 셀러리 주스

셀러리는 향이 강한 편이지만 사과, 토마토와 잘 어울린다. 세 가지 재료를 섞어 주스로 만들면
셀러리를 좋아하지 않는 사람도 거북하지 않게 마실 수 있다. 물을 넣지 않아 농도가 짙은 주스다.

사과 · 토마토 1개씩, 셀러리 줄기 12cm, 꿀 1큰술, 얼음 적당량

400ml　　사과 손질은 p.145 참조.

01 사과는 잘 씻고 껍질째 세로로 6등분 한 뒤 씨와 꼭지를 제거해 3~4등분 한다.

02 토마토는 반 잘라 쏙시믈 세거하고 각각 세로로 3등분 한 뒤 반 자른다.

03 셀러리는 1cm 길이로 썬다.

04 믹서에 사과와 토마토를 넣고 셀러리를 넣은 뒤 꿀과 얼음을 넣어 곱게 간다.

사과와 셀러리 모두 식이섬유가 많아 장운동을 활발하게 하고 변을 부드럽게 한다.
셀러리 줄기에는 식이섬유가 많아 주스로 만들어 자주 마실 경우에는 섬유질을 과하게
섭취할 수 있으니 셀러리의 맛을 더 내고 싶다면 잎을 활용한다.

사과 바나나 시금치 주스
사과 오이 주스

사과 바나나 시금치 주스

🛒 사과 ½개, 바나나 1개, 시금치 2뿌리, 물 1컵

🥤 500ml 📖 **사과 손질**은 p.145 참조.

- - - - -

01 사과는 잘 씻고 껍질째 세로로 3등분 한 뒤 씨와 꼭지를 제거해 3~4등분 한다.

02 바나나는 껍질을 벗겨 뚝뚝 떼어내거나 2~3cm 길이로 자른다.

03 시금치는 뿌리를 제거하고 흙이 없도록 여러 번 헹군 뒤 물기를 털고 2cm 길이로 썬다.

04 믹서에 사과를 먼저 넣고 시금치와 바나나를 넣은 뒤 물을 부어 곱게 간다.

NUTRITION

시금치는 칼슘과 철분, 엽산, 요오드를 함유한 식품으로 성장기 어린이뿐 아니라
임산부에게도 좋은 알칼리성식품이다.

사과 오이 주스

🛒 사과 · 오이 ½개씩, 꿀 2작은술, 물 ½컵, 얼음 2~3개

🥤 300ml 📖 **사과 손질**은 p.145 참조.

- - - - -

01 사과는 잘 씻고 껍질째 세로로 3등분 한 뒤 씨와 꼭지를 제거해 3~4등분 한다.

02 오이는 표면의 돌기를 제거하고 껍질째 깨끗이 씻어 2cm 폭으로 썬다.

03 믹서에 사과와 오이를 넣고 꿀과 물, 얼음을 넣어 곱게 간다.

NUTRITION

오이는 칼륨 함량이 높은 알칼리성식품이며 향과 색깔, 씹는 맛이 좋아 음료에 신선함을 더한다.
사과는 신맛이 나서 산성식품으로 오인할 수 있지만 알칼리성식품이다.

사과 탄산 주스
사과 주스

사과 탄산 주스

사과 ½개, 사과식초 · 꿀 1큰술씩, 탄산수(무가당) ⅔컵, 얼음 3~4개

250ml 사과 손질은 p.145 참조.

- - - - -

01 사과는 잘 씻고 껍질째 세로로 3등분 한 뒤 씨와 꼭지를 제거해 3~4등분 한다.

02 믹서에 사과, 사과식초, 꿀, 탄산수 ⅓컵, 얼음을 넣어 곱게 간다.

03 컵에 ②를 붓고 먹기 전에 나머지 탄산수를 부어 마신다.

+TIP

+ 사과식초 대신 흑초나 현미식초를 넣어도 된다.

NUTRITION

사과는 비타민 C뿐만 아니라 비타민 E도 함유하고 있어 항산화 작용에 도움이 된다. 식초가 들어가 건강에 도움이 되지만 저녁에 마시면 위에 부담을 줄 수 있다.

사과 주스

사과 ½개, 꿀 1큰술, 물 1컵, 얼음 3~4개

300ml 사과 손질은 p.145 참조.

- - - - -

01 사과는 잘 씻고 껍질째 세로로 3등분 한 뒤 씨와 꼭지를 제거한 뒤 3~4등분 한다.

02 믹서에 사과와 꿀을 넣고 물과 얼음을 넣어 곱게 간다.

NUTRITION

사과 속에 들어 있는 탄수화물의 일종인 펙틴은 심장병을 자극하는 진정 작용을 하고 장 벽에서 유독성 물질이 흡수되는 것을 막아 이상 발효도 방지한다.

사과 파인애플 셀러리 계피 주스

애플파이를 만들 때 계핏가루를 넣듯이 사과와 계피는 맛과 향이 아주 잘 어울린다.
수분과 단맛이 많은 파인애플을 더해 한결 부드럽고 맛 좋은 주스를 만들었다.

사과 ½개, 파인애플 링(2cm 두께) 1개, 셀러리 줄기 2cm, 계핏가루 약간, 물 ½컵

350ml   **사과 손질**은 p.145 참조.

- - - - -

01 사과는 잘 씻고 껍질째 세로로 3등분 한 뒤 씨와 꼭지를 제거해 3~4등분 한다.

02 파인애플은 2cm 크기로 썰고, 셀러리는 반으로 가른다.

03 믹서에 파인애플을 먼저 넣고 사과와 셀러리, 계핏가루를 넣은 뒤
물을 부어 곱게 간다.

+TIP

+ 셀러리는 기호에 따라 분량을 조절하거나 입맛에 맞지 않으면 빼도 된다.
+ 계핏가루는 많이 넣으면 다른 재료의 맛과 향을 해칠 수 있으니 주의한다.

NUTRITION

사과에는 유기산이 많아 몸에 활력을 주며 파인애플은 머리를 상쾌하게 해
아침에 마시면 하루를 활기차게 시작할 수 있다.

시트러스

귤, 오렌지, 자몽, 레몬, 라임 등 보는
것만으로도 향긋한 시트러스류는 다른
과일을 더하지 않고 새콤함을 그대로 살려
상큼하게 마시는 게 좋다. 채소 주스를 만들
때 레몬을 조금 넣으면 한결 맛있다.

● 주스의 농도 조절

시트러스류는 수분이 많아 물을 더하지 않아도
되지만 수분이 적은 과일이나 채소를 더하거나
분량을 늘리려면 적당량의 물을 더한다.

● 맛 내기 포인트

셀러리, 민트 등 신선한 향은 시트러스류의
상큼한 맛과 잘 어울린다. 때에 따라 탄산수로
상쾌함을 더해도 좋다.

● 영양

오렌지나 레몬, 귤 등 시트러스류에 풍부하게
들어 있는 비타민 C는 철분의 흡수를 돕는다.
또한 엽산도 풍부해 빈혈이 있는 사람이나
임산부들에게 좋은 과일이다. 비타민 C는
감기를 예방해 환절기에는 새콤달콤한
오렌지, 귤, 자몽을 자주 꾸준히 먹는 게 좋다.
특히 비타민 C는 면역력을 높여 각종 질병을
예방하고 활성산소를 억제해 암을 예방한다.
콜레스테롤 수치를 낮춰 혈관을 깨끗하게 하고
콜라겐 생성에도 중요한 역할을 해 주름을
예방하고 피부를 맑고 깨끗하게 한다.

● 시트러스 손질법

과도를 이용해 양 끝을 잘라낸다.

세로로 세우고 껍질과 과육 사이에 칼을 넣어 둥근 면을 따라 껍질을 말끔히 깎아낸다.

껍질을 깎을 때는 속껍질까지 깎는 게 좋다.

과육을 세로로 4·6등분 한다.

과육 중간의 씨를 칼끝으로 발라낸다.

라임 꿀 주스

레모네이드처럼 라임의 과즙을 짜서 꿀과 섞어 마시는 라임 꿀 주스는 라임 특유의 새콤하고 쌉싸래한 맛과 향이 일품이다.
얼음에 라임즙을 짜 넣고 탄산수를 부어 마시면 특별한 라임의 향이 기분까지 좋게 한다.

라임 2개, 꿀 1큰술, 따뜻한 물·찬물 1/3컵씩, 얼음 적당량

240ml

- - - - -

01 라임은 깨끗이 씻어 반 자른 뒤 2쪽 정도 얇고 둥글게 슬라이스하고
나머지는 스퀴저로 즙을 낸다.

02 컵에 따뜻한 물과 꿀을 넣어 잘 저은 뒤 찬물을 부어 고루 섞는다.

03 ②의 컵에 얼음을 적당량 채우고 슬라이스한 라임을 넣은 뒤 라임즙을 넣어
고루 섞는다.

레몬보다 구연산이 많아 매일 마시면 피로 해소와 피부 미용에 효과가 좋다.
라임에는 소화효소가 있어 소화가 잘 되지 않을 때 라임 주스 한 잔 마시는 것도 좋다.

감귤 홍시 셀러리 주스

오렌지나 자몽보다 부드러운 맛의 귤은 홍시와 맛이 잘 어울린다. 셀러리로 맛과 향을 더해 한층 신선하게 즐길 수 있다.

귤(작은 것) 3개, 홍시(또는 냉동 홍시) 1개, 셀러리 줄기 5cm, 물 $1/2$컵

300ml

01 귤은 껍질을 벗겨 조각을 나눈다.

02 홍시는 꼭지를 떼고 4등분 한 뒤 씨를 빼고 껍질을 벗긴다.

03 셀러리는 1cm 길이로 썬다.

04 믹서에 귤을 먼저 넣고 홍시와 셀러리를 넣은 뒤 물을 부어 곱게 간다.

+TIP

+ 귤이 흔하지 않은 계절에는 귤 대신 오렌지를 넣어도 된다. 오렌지를 넣을 때는
  큰 것으로 준비해 1개 혹은 1 $1/2$개 정도 넣는다.

+ 귤이 단맛보다 신맛이 많이 날 때는 꿀을 약간만 넣는다.

+ 셀러리의 향을 싫어한다면 셀러리를 빼고 홍시를 $1/2$개 정도 더 넣어도 된다.

NUTRITION

홍시와 셀러리는 식이섬유와 비타민, 칼륨이 풍부하게 들어 있어 신진내사를 촉진하고
원활하게 하므로 피로를 몰아내고 스태미나를 증진시킨다.

레몬 민트 소다
오렌지 소다

레몬 민트 소다

레몬 1개, 민트 잎 4~5장, 탄산수(무가당) 1컵, 얼음 적당량

260㎖

01 레몬은 깨끗이 씻고 세로로 6등분을 한 뒤 4쪽만 컵에 꾹꾹 즙을 짜 넣는다.
이렇게 하면 레몬즙이 $1/3$~$1/2$컵 분량 정도 나온다.

02 민트 잎은 잘게 다진다.

03 ①의 컵에 얼음을 채우고 남겨둔 레몬 2쪽을 넣은 뒤 다진 민트 잎을 넣는다.

04 ③의 컵에 탄산수를 천천히 붓고 고루 섞어 마신다.

NUTRITION

레몬은 비타민 C·P, 구연산이 풍부하다. 비타민 P는 비타민 C의 보조 역할로 모세혈관을 튼튼하게 한다.
고혈압이나 동맥경화 등 혈관계 질환으로 고민하는 사람들에게 좋은 주스.

오렌지 소다

오렌지 1개, 탄산수(무가당) $1/2$컵, 얼음 적당량

250㎖

01 오렌지는 반 잘라 스퀴저로 과즙을 짜고 껍질에 남은 과육을 숟가락으로 긁어낸다.

02 컵에 얼음을 채우고 오렌지 과즙과 과육을 넣은 뒤 탄산수를 천천히 부어 섞어 마신다.

+TIP

\+ 오렌지의 진한 맛을 느끼고 싶다면 오렌지 농축액을 2큰술 정도 함께 넣는다.
오렌지 농축액은 오렌지를 끓여 농축한 것으로 냉동 상태로 판매하는 것을 구입하면 편리하다.

NUTRITION

오렌지에 풍부하게 들어 있는 플라보노이드는 항염·항산화 효능이 있고, 비타민 C도 풍부해
하루에 오렌지 1개만 먹으면 하루에 필요한 비타민 C를 충분히 보충하고도 남는다.

자몽 레몬 셀러리 주스

새콤 쌉싸래한 자몽에 톡 쏘는 레몬으로 새콤함을 더하고 셀러리로 특별한 맛과 향을 냈다. 자몽과 레몬의 즙을 내서 맑게 마시는 주스. 자몽 주스는 그냥 마시는 것보다 얼음을 채워 시원하게 마시면 자몽 특유의 쌉싸래한 맛이 줄어든다.

자몽 1개, 레몬 ½개, 셀러리 5cm, 얼음 적당량

230ml

01 자몽은 반 잘라 스퀴저로 즙을 내고 껍질에 남은 과육은 수저로 긁어낸다. 1컵 소금 보사라게 즙이 나온다.

02 레몬도 스퀴저로 즙을 내고 과육을 긁어낸다.

03 셀러리는 강판에 곱게 간다.

04 컵에 얼음을 채우고 자몽즙과 레몬즙, 곱게 간 셀러리를 넣고 잘 섞어 마신다.

+TIP

+ 단맛을 원하면 꿀을 약간 넣는다.

+ 자몽과 레몬의 즙을 내거나 셀러리를 강판에 가는 게 귀찮다면 자몽과 레몬의 과육만 취해 셀러리와 함께 믹서에 갈아도 된다. 믹서에 갈면 약간 걸쭉한 주스가 된다.

NUTRITION

셀러리에는 식물성 식품으로는 드물게 비타민 B_1과 B_2 함량이 높고 조혈 작용을 하는 철분도 많다. 자몽에 셀러리를 첨가하면 티아민인 비타민 B_1이 당질과 단백질 대사에 관여하기 때문에 당뇨병 예방에도 효과가 좋다.

트리플 시트러스 주스

오렌지, 자몽, 레몬의 즙을 내 섞어 마시는 비타민이 가득한 주스. 손님이 왔을 때 흔한 오렌지 주스 대신
트리플 시트러스 주스를 내보자. 레몬이나 오렌지 웨지를 컵에 함께 담아내면 한결 센스 있어 보인다.

오렌지 · 자몽 · 레몬 1/2개씩, 얼음 적당량

230ml

- - - - -

01 오렌지와 자몽, 레몬은 각각 스퀴저로 즙을 내고 껍질에
남은 과육은 숟가락으로 긁어낸다.

02 컵에 얼음을 넣고 ①의 과즙과 과육을 모두 컵에 부어 섞어 마신다.

+TIP

+ 오렌지, 자몽, 레몬의 껍질을 벗겨 과육만 남긴 뒤 모두 함께 믹서에 넣고 갈아 마시면
더 풍부한 영양을 섭취할 수 있다.

NUTRITION

자몽과 오렌지, 레몬의 비타민을 한번에 가득 채울 수 있어 하루의 피곤함을 달래주는
비타민 주스로 그만이다. 칼로리가 낮아 저녁에 마셔도 살찔 걱정 없다.

키위 & 파인애플

과육이 부드럽고 수분이 많은 키위와 파인애플은
새콤한 맛이 있으나 단맛이 풍부하고 향긋하다.
푸른 잎 채소와 잘 어울려 채소를 활용한 건강
주스를 만들 때 자주 활용되는 과일이다.

● 주스의 농도 조절

수분이 많은 편이지만 물을 더하면 좀 더 부드럽게
마실 수 있다.

● 맛 내기 포인트

새콤한 맛과 향은 바나나, 아보카도의 부드러움과
잘 어울린다. 상큼함을 더하려면 오렌지 등의
시트러스류를 더한다.

● 영양

키위 다른 과일에 비해 비타민과 미네랄이
풍부하다. 특히 비타민 C는 무려 사과의 20배가
넘는다. 스트레스를 해소하고 기미와 주근깨를
예방하며 혈관이 노화되는 것을 막고 키위 속
칼륨 성분은 혈압을 낮춰 고혈압이나 동맥경화를
예방하고 심장을 건강하게 한다. 피부를 건강하게
하는 구리나 철 같은 무기질과 마그네슘이
들어 있고, 섬유소를 함유한 저지방 식품이라
다이어트에도 좋다. 단백질 분해 효소가 있어
육류를 먹을 때 함께 먹으면 좋고 소화를 돕는다.

파인애플 파인애플 역시 비타민 C가 풍부해 피로
해소에 좋다. 수분이 많고 달달해 간식으로도 많이
즐기는 파인애플은 저칼로리 식품이라 다이어트할
때 안심하고 먹을 수 있다. 식사 후 먹으면 단백질
분해 효소로 소화를 돕는다. 풍부한 식이섬유는
장운동을 도와 변비 예방은 물론 변비로 고생하는
사람들에게 효과가 있다. 파인애플의 새콤한 맛을
내는 구연산은 식욕을 돋운다.

키위는 양쪽 꼭지를 자른다.

세로 방향으로 껍질을 벗긴다.

세로로 반 자른다.

꼭지 쪽 단단한 심지를 도려낸다.

1cm 폭으로 썬다.

● 파인애플 손질법

위쪽의 잎을 잘라내고 아래쪽 꼭지도 썬다.

파인애플을 세우고 껍질을 세로로 썰어낸다.

2쪽 모두 다시 길게 반 자른다.

4쪽을 다시 길게 반 잘라 총 8쪽을 낸다.

가운데의 단단하고 질긴 심지를 썰어낸다.

돌려가며 껍질을 썰어낸 뒤 모서리에 남아 있는 거친 껍질을 정리한다.

윗부분을 잘 잡고 반 자른다.

믹서에 갈기 좋게 2~3cm 폭으로 썬다.

키위 파인애플 귤 루콜라 주스
키위 바나나 우유

키위 파인애플 귤 루콜라 주스

- 키위 2개, 파인애플 링(2cm 두께) · 귤 1개씩, 루콜라 1뿌리(20g), 물 ½컵
- 350ml   키위 손질은 p.167 참조.

- - - - -

01 키위는 깨끗이 씻어 껍질을 벗기고 길게 반 잘라 끝의 단단한 꼭지를 도려낸 뒤 1cm 폭으로 썬다.

02 파인애플은 먹기 좋은 크기로 썰고, 귤은 껍질을 벗겨 조각조각 뗀다.

03 루콜라는 깨끗이 씻어 물기를 털고 2cm 길이로 썬다.

04 믹서에 모든 재료를 넣어 곱게 간다.

NUTRITION

감기 예방, 피로 해소, 피부 미용에 효과가 있는 과일에 원기 회복과 입맛을 돋우는 향을 지닌 루콜라를 더했다. 더위로 지친 몸을 회복하고 햇볕에 그을린 피부에 좋아 여름에 제격이다.

키위 바나나 우유

- 골드 키위 · 바나나 2개씩, 우유 ½컵
- 400ml   키위 손질은 p.167 참조.

- - - - -

01 골드 키위는 깨끗이 씻어 껍질을 벗기고 길게 반 잘라 끝의 다다한 꼭지를 노려낸 뒤 1cm 쪽으로 썬다.

02 바나나는 껍질을 벗겨 뚝뚝 떼어내거나 2~3cm 길이로 자른다.

03 믹서에 키위를 먼저 넣고 바나나를 넣은 뒤 우유를 부어 곱게 간다.

NUTRITION

비타민 C는 불본 칼슘과 섬유소가 풍부한 키위는 바나나의 칼륨과 함께 성장에 도움을 준다. 우유까시 들어가 칼슘을 보충해줘 성상기 아이들에게 솧은 음료다.

키위 귤 비타민 주스

이름처럼 비타민이 풍부하고 모양도 예쁜 채소 비타민과 비타민 C가 풍부한 귤, 키위를 함께 주스로 만들어
평소 즐겨 먹지 않는 비타민의 영양을 고스란히 섭취할 수 있는 주스. 비타민 맛은 그다지 없으니 아이들에게 권하기도 좋다.

🛒 골드 키위 2개, 귤 1개, 비타민 2뿌리(25g), 물 ½컵

🥤 300ml 📖 **키위 손질**은 p.167 참조.

01 골드 키위는 깨끗이 씻어 껍질을 벗기고 길게 반 잘라 끝의 단단한
꼭지를 도려낸 뒤 1cm 폭으로 썬다.

02 귤은 껍질을 벗겨 조각을 나눈다.

03 비타민은 깨끗이 씻어 물기를 털고 2cm 길이로 썬다.

04 믹서에 골드 키위와 귤을 먼저 넣고 비타민을 넣은 뒤 물을 부어 곱게 간다.

+TIP

+ 키위는 깨끗이 씻어 믹서에 껍질째 갈아도 크게 거부감이 없다.

NUTRITION

녹색 잎채소에 들어 있는 엽산이 부족하면 비정상적 크기의 미숙한 적혈구가 증가돼
발생하는 거대적아구성빈혈에 걸릴 수 있는데, 주로 알코올 중독자에게 많이 볼 수 있다.

평소 음주를 즐기거나 녹색 채소를 적게 먹는 사람은 새콤달콤한 과일과 함께
잎채소로 주스를 만들어 마시면 쉽게 엽산을 보충할 수 있다.

비타민에는 체내에서 비타민 A를 만드는 카로틴이 시금치보다 많고 철분과 칼슘도 풍부하다.

키위 아보카도 주스

아보카도를 넣어 약간 걸쭉하고 부드러운 주스로 아보카도의 고소한 맛이 키위의 새콤한 맛을 중화한다.
키위 대신 골드 키위를 넣으면 달콤한 맛이 배가된다.

키위 1개, 아보카도 1/2개, 꿀 2작은술, 물 1컵, 얼음 2~3개

400ml 키위 손질은 p.167 참조.

01 키위는 깨끗이 씻어 껍질을 벗기고 길게 반 잘라 끝의 단단한
　　꼭지를 도려낸 뒤 1cm 폭으로 썬다.

02 아보카도는 가운데 씨를 제거하고 껍질을 벗겨 1cm 폭으로 썬다.

03 믹서에 키위를 먼저 넣고 아보카도를 넣은 뒤 꿀과 물을 부어 곱게 간다.

+TIP

+ 걸쭉한 주스가 싫다면 믹서에 얼음을 충분히 넣어 갈면 농도가 묽어지고 훨씬 시원해진다.
　바나나를 1/2개 정도 넣으면 포만감을 줘 밥 대신 먹는 영양 주스로도 좋다.
+ 꿀 대신 소금을 약간 넣어 단맛을 살리는 것도 좋다.

NUTRITION

아보카도는 과일 중 드물게 지질이 많이 들어 있지만 이 지질은 몸에 유익한
불포화지방산이다. 비타민과 불포화지방산을 함께 섭취할 수 있는 주스.

파인애플 바나나 파프리카 주스

은은한 노란 빛깔이 예뻐 보기만 해도 상큼해지는 주스. 파인애플과 파프리카의 수분만으로도 믹서에
잘 갈리기 때문에 물을 전혀 첨가하지 않고 약간 걸쭉하게 마신다. 묽게 마시려면 물을 ½컵 정도 넣어 갈면 된다.

파인애플 링(2cm 두께)·바나나 1개씩, 노랑 파프리카 ½개, 레몬즙 1큰술

300ml   **파프리카 손질**은 p.69 참조.

- - - - -

01 파인애플은 2cm 폭으로 썬다.

02 바나나는 껍질을 벗겨 뚝뚝 떼어내거나 2~3cm 길이로 썬다.

03 파프리카는 꼭지와 씨를 제거하고 길게 3등분을 한 뒤
하얀 속살을 잘라내고 반 자른다.

04 믹서에 파인애플, 파프리카, 바나나 순으로 넣고 레몬즙을 넣어 곱게 간다.

+TIP

+ 손질되지 않은 파인애플을 통째로 구입했을 경우 p.168를 참조하고, ⅛통 정도를 넣으면 된다.
+ 파인애플 링은 통조림보다는 생것을 링 모양으로 손질해 판매하는 것이 좋다.

NUTRITION

파인애플과 파프리카에는 비타민 C가 풍부해 아침에 마시면 활기차게 하루를 시작할 수 있다.
또한 바나나로 든든하게 속을 채울 수 있어 식사 대용 주스로 그만이다.

파인애플 무 주스
파인애플 셀러리 주스

파인애플 무 주스

파인애플 1/8개(또는 파인애플 링 1개), 무 1cm 두께 1쪽(70g), 물 3/4컵, 얼음 2~3개

400ml   **파인애플 손질**은 p.168 참조.

- - - - -

01 파인애플은 2cm 폭으로 썬다.

02 무는 깨끗이 씻고 껍질째 사방 1cm 크기로 깍둑 썬다.

03 믹서에 파인애플을 먼저 넣고 무와 얼음, 물을 넣어 곱게 간다.

무 껍질에는 무 속보다 2배 많은 비타민 C가 들어 있고 섬유질도 있으므로 깨끗이 씻어 껍질째 주스를 만드는 게 좋다. 무에는 전분 분해 효소인 디아스티제가 있어 식사 후 소화를 돕고, 매운맛 성분인 시니그린은 해열 효과가 있으므로 파인애플 무 주스는 가벼운 감기로 기침이나 인후통이 있을 때 해열 주스로도 좋다.

파인애플 셀러리 주스

파인애플 1/8개(또는 파인애플 링 1개), 셀러리 줄기 5cm, 오렌지 농축액 1/4컵, 물 3/4컵, 얼음 2~3개

500ml   **파인애플 손질**은 p.168 참조.

- - - - -

01 파인애플은 2cm 폭으로 썬다.

02 셀러리는 1cm 길이로 썬다.

03 믹서에 파인애플과 셀러리를 넣고 오렌지 농축액과 물, 얼음을 넣어 곱게 간다.

셀러리는 비타민 B_2(리보플라빈)가 많아 체내 산화 환원뿐 아니라 입안 점막을 보호해 만성피로나 구내염에 효과가 좋다.

파인애플 바나나 양상추 주스

속을 든든히 채우는 파인애플과 바나나, 신선한 양상추까지 더해 아침에 마시기 딱 어울리는 비타민 주스다.
양상추 맛은 거의 나지 않고 파인애플과 바나나의 상큼하고 부드러운 맛이 가득하다.

파인애플 $1/8$개(또는 파인애플 링 1개), 바나나 $1/2$개, 양상추 잎 1장, 물 $1/2$컵

320ml　　**파인애플 손질**은 p.168 참조.

- - - - -

01　파인애플은 2cm 폭으로 썬다.

02　바나나는 껍질을 벗겨 뚝뚝 떼어내거나 2~3cm 길이로 썬다.

03　양상추 잎은 깨끗이 씻어 물기를 털고 길게 4등분 해서 2cm 폭으로 썬다.

04　믹서에 파인애플과 양상추 잎을 먼저 넣고 바나나를 넣은 뒤
　　　물을 부어 곱게 간다.

과즙이 달고 맛있는 파인애플은 칼로리가 낮고 포만감을 주므로 다이어트에 좋다.
파인애플과 바나나는 모두 식이섬유가 풍부해 아침에 한 잔 마시면 변비 예방에 효과적이다.

파인애플 키위 셀러리 주스

파인애플과 골드 키위로 단맛을 충분히 살리고 셀러리 잎을 듬뿍 넣어 향을 한껏 더한 신선한 주스.
셀러리 향은 시원할 때 더 향긋하므로 시원하게 마셔도 좋다.

파인애플 링(2cm 두께)·골드 키위 1개씩, 셀러리 잎 1줄기 분량, 물 ½컵

250ml　키위 손질은 p.167 참조.

01 파인애플은 2cm 폭으로 썬다.

02 골드 키위는 깨끗이 씻어 껍질을 벗기고 길게 반 잘라 끝의
단단한 꼭지를 도려낸 뒤 1cm 폭으로 썬다.

03 셀러리 잎은 깨끗이 씻어 물기를 털고 2cm 길이로 썬다.

04 믹서에 파인애플과 키위를 먼저 넣고 셀러리 잎을 넣은 뒤 물을 부어 곱게 간다.

+TIP

+ 새콤한 맛을 내고 싶다면 골드 키위 대신 일반 키위를 넣는다.
+ 시원하게 마시고 싶을 때는 믹서에 얼음을 몇 조각 넣어 갈거나 얼음을 채운 잔에 주스를 부어 마신다.

NUTRITION

구연산과 칼슘이 많은 파인애플은 고혈압 예방에 효과적이며 키위 속 칼륨은 나트륨의
삼투압에 관여하므로 셀러리의 수분과 섬유소로 밸런스를 맞추기 좋은 주스.

포도

새콤달콤한 포도의 제맛을 살리려면 맛과 향이 강한
과일과 섞는 것을 피한다. 포도 씨와 껍질까지 함께
주스로 만들면 영양이 한층 더해진다.

● 주스의 농도 조절

수분이 적당하지만 물을 적당량 섞어야 부드러운 주스를
만들 수 있다. 배는 포도와 맛이 잘 어울리고 수분도 많아
포도 주스의 수분을 더하고 맛을 살리는 과일로 좋다.

● 맛 내기 포인트

달콤한 향과 달달한 맛이 진해 다른 과일을 더하는 것보다
셀러리 혹은 새콤한 시트러스류를 더하면 상큼해진다.
맛이 진하지 않은 배도 잘 어울린다.

● 영양

포도당과 과당이 풍부해 피로할 때 먹으면 금방 기운을
되찾을 수 있다. 포도는 대표적인 알칼리성식품으로
산성화되기 쉬운 현대인의 몸에 활력을 불어넣는다.
포도에는 항독성 물질인 레스베라트롤이 있는데, 이
레스베라트롤은 일반 세포가 암세포로 변하는 것을 막아
암을 예방한다. 포도 껍질에는 레스베라트롤을 함유한
폴리페놀이 풍부해 세포를 건강하게 하고 세포 수명을
연장하는 효과가 있어 포도를 먹을 때는 껍질째 먹는 게
좋다. 포도의 플라보노이드 성분은 혈전이 생기는 것을
억제해 동맥경화나 심장병 예방에 탁월하다.

포도 요구르트

발효유에 포도 껍질과 씨까지 함께 갈아 영양을 배로 높인 달달한 맛의
포도 요구르트. 배변 활동이 좋지 못한 수험생들이 마시면 좋다.

포도 1/2송이(200g), 꿀 2큰술, 발효유 1컵

350ml

- - - - -

01 포도는 알알이 떼서 깨끗이 씻는다.

02 믹서에 포도와 꿀, 발효유를 넣고 곱게 간다.

+TIP

+ 포도는 알이 굵고 고르며 탱글탱글한 것, 알과 알 사이에 공간 없이 밀착된 것,
  뽀얗게 과분이 묻은 깃이 좋다.

NUTRITION

칼륨, 칼슘, 철분 등의 무기질이 많으며 유산균이 많은 발효유를 첨가하면
장의 활동을 촉진하고 해독 작용을 하므로 배탈이 나기 쉬운 여름에 마시면 좋은 주스.

포도 배 레몬 파슬리 주스
청포도 주스

포도 배 레몬 파슬리 주스

🛒 청포도 · 거봉 1/8송이씩(150g), 배 1/2개, 레몬 1/4개, 이탈리안 파슬리 2줄기, 물 1/2컵

🥤 500ml

- - - - -

01 청포도와 거봉은 각각 알알이 떼서 깨끗이 씻는다.

02 배는 세로로 3등분을 해 가운데 씨를 도려내고 껍질을 벗긴 뒤 2cm 폭으로 썬다.

03 레몬은 껍질을 벗기고 과육만 발라낸 뒤 씨를 빼낸다.

04 이탈리안 파슬리는 2cm 길이로 썬다.

05 믹서에 배를 먼저 넣고 포도와 레몬, 이탈리안 파슬리를 넣은 뒤
물을 부어 곱게 간다.

NUTRITION

친연 항산화제인 안토시아닌(보라색 색소)을 지닌 포도는 신장에 이롭고 단당류로
소화가 잘되는 과일이다. 포도는 제철인 여름에 향도 진하고 당도도 최고로 오르니
여름철 건강 주스로 포도를 많이 활용한다.

청포도 주스

🛒 청포도 1/2송이(300g), 꿀 2큰술, 얼음 5개

🥤 450ml

- - - - -

01 포도는 알알이 떼서 깨끗하게 씻는다.

02 믹서에 청포도와 꿀, 얼음을 함께 넣고 곱게 간다.

+TIP

+ 청포도는 신맛이 강해 꿀을 넣어 단맛을 올리면 한결 맛있게 먹을 수 있다.

NUTRITION

원기 회복 효과가 있고 칼로리가 낮아 다이어트에도 좋은 청포도는 청량감을 더해
무더운 여름을 이기는 활력 프레시 주스로 그만이다.

거봉 배 셀러리 주스

단맛이 많은 두 가지 과일 거봉과 배에 신선한 향을 내는 셀러리와 민트를 더해 청량감을 주는 주스다.
얼음을 빼고 간 뒤 얼음을 채운 잔에 주스를 부어 마시면 더 진하게 마실 수 있다

거봉 1/4송이(150g), 배 1/4개, 셀러리 줄기 1.5cm, 민트 잎 2~3장, 물 2큰술, 얼음 1/2컵

420ml

01 거봉은 알알이 떼서 깨끗이 씻는다.

02 배는 세로로 반 잘라 가운데 씨를 도려내고 껍질을 벗겨 뒤 2cm 폭으로 썬다.

03 셀러리는 반 자른다.

04 믹서에 배를 먼저 넣고 포도와 셀러리, 민트 잎, 물, 얼음을 넣어 곱게 간다.

+TIP

+ 포도는 껍질째 주스를 만들기 때문에 깨끗이 씻는 것이 중요하다. 알알이 떼서 볼에 담고
  물을 채운 뒤 베이킹 소다나 식초를 약간 넣어 잠시 두었다가 흐르는 물에 씻어 건진다.

NUTRITION

거봉은 설탕보다 더 달달한 과당을 많이 함유하고 있어 주스로 만들면 달콤하고 시원하다.
중국이 원산지인 배는 이뇨 작용이 탁월해 열을 제외로 배출한다. 포도와 배를 넣한
이 주스는 감기에 걸려 열이 날 때, 소화가 잘되지 않을 때 마시면 좋은 음료다.

포도 자몽 오렌지 셀러리 주스

포도와 자몽, 오렌지 모두 수분이 많은 과일이기 때문에 굳이 물을 넣지 않아도 믹서에서 쉽게 갈린다.
거봉과 오렌지에 단맛이 많아 얼음을 많이 넣고 함께 갈아 시원하게 즐겨도 맛있다.

거봉 1/4송이(150g), 자몽·오렌지 1/2개씩, 셀러리 줄기 3cm

500ml　　**자몽과 오렌지 손질은 p.155 참조.**

- - - - -

01　거봉은 알알이 떼서 깨끗이 씻는다.

02　자몽과 오렌지는 각각 껍질을 썰어낸 뒤 4등분 하고 씨를 발라낸다.

03　셀러리는 1cm 길이로 썬다.

04　믹서에 거봉과 자몽, 오렌지, 셀러리를 넣어 곱게 간다.

소화 흡수가 쉬운 포도당이 풍부한 포도를 섬유질 채소인 셀러리와 함께 섭취하면
장운동을 촉진해 변비에도 좋고 소화 흡수도 잘되므로 원기 회복에 효과가 좋다.

맛있고 건강하게 주스 만드는 노하우

잘 익고 신선한 제철 과일을 고른다

주스는 영양도 중요하지만 맛이 있어야 하므로 주스의 기본이 되는 과일 맛이 중요하다. 과일은 다른 계절보다 제철일 때 가장 신선하고 맛있으며 영양도 최고로 오른다. 주스를 만드는 과일은 푹 익어 맛이 잘 들고 신선한 걸 골라야 맛 좋고 소화에도 도움이 되며 영양 만점인 주스를 만들 수 있다.

포도는 알알이 떼서 씻고 씨째 간다

포도를 송이째 씻으면 알과 알 사이, 가지 부근의 이물질이 제대로 제거되지 않는다. 큼직한 볼에 베이킹 소다나 식초를 약간 풀고 포도를 알알이 떼서 넣은 뒤 손으로 흔들어 씻고 흐르는 물에 헹군다. 포도 껍질은 세포를 건강하게 하고, 포도 씨는 활성산소를 억제하는 강력한 항산화력이 있어 함께 갈아 마시는 게 건강에 좋다.

착즙기보다 믹서를 활용한다

홈메이드 주스를 만들 때 번거롭지 않고 손쉬워 착즙기를 많이 사용하는데, 과일과 채소의 영양을 온전히 얻으려면 믹서를 이용하는 게 좋다. 착즙기는 과육을 제외한 즙만 섭취하게 되므로 과육에 포함된 섬유질과 그 외의 영양을 많이 섭취할 수 없다. 과육과 과즙을 그대로 섭취할 수 있는 믹서를 이용해 주스를 만드는 게 좋다.

수분이 많은 과일부터 믹서에 넣는다

채소와 과일을 갈 때는 바나나처럼 수분이 적은 과일이나 채소를 먼저 넣으면 믹서 칼날이 잘 회전하지 못한다. 그리고 믹서의 회전을 위해 물을 자꾸 넣다 보면 결국 맛이 싱거워진다. 믹서에 수분이 많은 과일을 먼저 넣어 믹서의 회전력을 좋게 하는 게 좋은 주스를 만드는 비결이다.

물과 얼음으로 수분을 보충한다

주스를 만들 때 수분이 부족하면 믹서 칼날이 잘 회전하지 못해 갈리지 않는다. 이럴 때는 물이나 우유, 발효유 등으로 수분을 조금 보충하면 잘 갈리는데, 믹서가 회전할 정도로만 보충한다. 얼음을 넣어도 수분을 보충할 수 있고 또한 주스를 시원하게 한다. 더 시원하게 마시려면 물을 적게 넣고 얼음을 많이 넣는다.

소금으로 과일 본연의 단맛을 이끌어낸다

수박이나 토마토 주스를 만들 때 단맛이 적어 싱겁게 느껴질 때는 설탕이나 꿀 대신 소금을 약간 넣으면 단맛이 살아난다. 수박은 믹서에 갈면 즙이 많이 나오고 수박 특유의 향도 많아져 그냥 먹을 때보다 덜 달게 느껴지는데, 이때 소금을 넣으면 맛의 상호작용으로 단맛이 강해진다. 소금은 짠맛이 느껴지지 않게 약간만 넣는다.

가능하면 다양한 종류의 주스를 만든다

내 몸과 입맛에 맞고 맛있는 주스라 할지라도 같은 주스를 계속 마시는 것보다 다양하게 만들어 마시는 게 오랫동안 꾸준히 주스를 마실 수 있는 방법이다. 또한 여러 가지 종류의 주스를 마셔야 채소와 과일의 영양을 골고루 섭취할 수 있다. 싫어하는 채소를 억지로 주스에 넣으면 거부감이 일 수 있으니 주의한다.

위가 약한 사람은 뿌리채소 주스는 삼간다

고구마, 연근 등 전분이 많은 뿌리채소는 과일이나 채소와 섞어 주스로 만들기도 하는데, 뿌리채소로 주스를 만들면 포만감은 줄 수 있지만 자칫 소화를 둔화시킬 수 있다. 위가 약하거나 평소 소화가 잘 안 되는 사람은 가능한 한 뿌리채소 주스를 삼가고, 소화력이 좋은 사람도 많은 양을 자주 마시는 건 좋지 않다.

단맛은 설탕이 아닌 꿀로 대신해야 건강하다

과일이 싱거울 때 주로 설탕으로 단맛을 내는데, 설탕보다 꿀을 넣으면 한결 건강한 주스를 만들 수 있다. 설탕은 몸속에서 포도당과 과당으로 분리돼 흡수가 이루어지고 이 과정에서 인슐린과 칼슘, 비타민이 소모된다. 하지만 꿀은 몸속에서 소화 분해 과정이 없이 바로 흡수돼 에너지원이 된다.

채소 주스에는 새콤달콤한 과일을 섞는다

채소를 아이들에게 손쉽게 먹일 수 있는 방법이 주스다. 하지만 채소를 주스로 마시는 게 왠지 거부감이 일기도 한다. 채소 주스를 맛있게 만드는 방법은 과일을 더하는 것. 채소에 과일을 섞어 주스를 만들면 채소의 향과 맛이 거의 나지 않고 과일 맛이 많이 나 의외로 맛이 좋다. 새콤달콤하고 향이 좋은 과일을 섞는다.

채소 주스는 레몬즙으로 풋내를 없앤다

조직이 단단해 삶아서 주스를 만드는 브로콜리나 아스파라거스 외 대부분의 잎채소는 믹서에 갈면 어느 정도 풋내가 나게 마련이다. 이럴 때 레몬즙을 조금 넣으면 새콤함과 향긋함이 더해져 풋내를 없애고 맛도 업그레이드된다. 레몬은 따로 즙을 내 넣어도 좋고 레몬 껍질을 벗기고 채소와 함께 갈아도 좋다.

시트러스류의 씨는 발라내는 게 좋다

수박이나 포도는 씨에 영양이 있고 맛과 향이 없어 주스를 만들 때 씨를 발라내지 않고 함께 갈아 마시는 게 좋다. 하지만 레몬이나 오렌지, 자몽 등 시트러스류의 씨는 쓴맛이 나기 때문에 발라내지 않고 주스를 만들면 떫은맛이 나고 주스 맛이 떨어진다. 시트러스류는 껍질을 벗겨 과육만 취한 뒤 칼끝으로 씨를 모두 발라낸다.

손쉽게 주스를 만들 수 있는 채소 냉동법

녹색 채소를 손질해 얼려두면 번거롭지 않게 주스를 만들 수 있어 매일 꾸준히 마시는 데 도움이 된다. 채소를 얼리면 채소의 수분이 팽창해 부피가 커지기 때문에 해동되면 조직이 흐물거리고 맛도 떨어지므로 냉동실에서 꺼내자마자 바로 주스 만들고, 얼린 채소는 오래 두지 말고 10일 안에 먹는 게 좋다.

● 채소 냉동법

채소는 깨끗이 씻고 물기를 가볍게 털어 줄기가 있는 것은 3cm 길이로, 잎채소는 반 갈라 2㎝ 폭으로 썬다.

지퍼백에 1회분씩 나눠 담는데, 되도록 편평하게 많이 담지 않는다.

지퍼백의 밑 부분부터 밀어가며 공기를 완전히 뺀 뒤 봉한다.

냉동실에 넣어 1시간 정도 얼린 뒤 꺼내 큰 조각은 뚝뚝 떼서 작게 나눈다. 10일 정도 냉동 보관 가능하다.

믹서에 채소를 넣고 잘 갈릴 정도로만 물을 약간 넣어 간다.

주스
활용 요리

주스는 단순히 마시는 것뿐 아니라 디저트나 간식, 소스로 얼마든지 변화가 가능하다. 본문의 주스를 활용해 만드는 잼, 화채, 빙수, 소스, 푸딩, 아이스 바 등 다양한 요리를 소개한다. 맛과 더불어 색감도 예쁜 주스를 활용한 요리는 멋을 부리지 않아도 그 자체로 특별하다.

복숭아 잼

황도 밀크 p.113

🛒 황도 밀크에서 아이스크림을 뺀 황도 주스 1½컵, 설탕 1컵

01 냄비에 황도 주스와 설탕을 함께 넣어 끓인다.
02 설탕이 녹으면 약한 불로 줄이고 잘 저어가며 끓인다.
03 분량이 반 정도 줄고 농도가 되직해지면 불에서 내려 식힌다.
04 밀폐 유리병을 뜨거운 물에 열탕 소독하고 물기를 말린 뒤 잼을 담아 냉장 보관한다.

수박 화채

수박 주스 p.131 / 키위 바나나 우유 p.171
파인애플 바나나 파프리카 주스 p.177

🛒 수박 주스 1컵, 사이다 3컵, 수박·키위·파인애플·딸기 적당량씩,
과일 수스 얼음(수박 주스·키위 바나나 주스·파인애플 바나나 파프리카 주스
적당량씩)

01 과일 주스를 각각 아이스 큐브에 넣어 반나절 정도 얼려 과일 주스
얼음을 만든다.
02 수박은 적은 스쿱을 이용해 둥근 모양으로 떠내고, 딴지는 연심
자(+)로 4등분 한다. 키위와 파인애플은 먹기 좋은 크기로 썬다.
03 큰 볼에 ②의 손질한 과일을 담고 수박 주스와 사이다를 섞어 부은
뒤 ①의 과일 주스 얼음을 띄운다.

베리 콤포트 미니파이

딸기 파인애플 셀러리 민트 주스 p.89

🛒 딸기 파인애플 셀러리 민트 주스·산딸기 1컵씩, 딸기 9개, 설탕 1/4컵,
냉동 미니 파이 샐지 8개, 슈거 파우더 약간

01 딸기는 5개는 꼭지를 떼고, 4개는 장식용으로 꼭지를 떼지 않고 반
자른다. 산딸기도 장식용으로 1/4컵을 남긴다.
02 냄비에 딸기 파인애플 셀러리 민트 주스와 산딸기 3/4컵, 꼭지를 뗀
딸기 5개, 설탕을 넣고 중불에서 끓인다.
03 설탕이 녹으면 불을 약하게 줄이고 잘 저어가며 끓인다.
04 분량이 반 정도 될 때까지 졸여 베리 콤포트를 만들고 불에서 내려
충분히 식힌다.
05 냉동 미니 파이 생지를 오븐 팬에 올리고 200℃로 예열한 오븐에
서 15분간 노릇하게 굽는다.
06 구운 미니 파이 위에 베리 콤포트를 적당량 떠서 담고 그 위에 장
식용 딸기와 산딸기를 올린 뒤 슈거 파우더를 뿌린다.

블루베리 두유 푸딩

블루베리 두유 p.99

🐮 블루베리 두유 1½컵, 블루베리 12개, 블루베리 잼 6큰술,
젤라틴 가루 2봉지(20g), 물 ½컵, 애플 민트 잎 적당량

01 볼에 물과 젤라틴 가루를 섞어가며 젤라틴 가루를 완전히 녹인다.
02 ①에 블루베리 두유를 붓고 잘 섞는다.
03 4개의 푸딩 그릇에 블루베리 잼을 1큰술씩 나눠 담고 그 위에 ②를
부어 냉장고에서 1시간 정도 굳힌다.
04 굳힌 블루베리 두유 푸딩에 블루베리 잼을 ½큰술씩 올리고 블루
베리를 3개씩 올린 다음 애플 민트 잎으로 장식한다.

생과일 아이스 바

딸기 바나나 파프리카 주스 p.97 / 배 주스 p.141
트리플 시트러스 주스 p.165 / 키위 비타민 귤 주스 p.173
포도 요구르트 p.185

01 아이스 바 틀에 준비한 주스를 각각 붓고 꼭지를 꽂는다.
02 냉동실에 넣어 얼린다.

+TIP 아이스 바를 틀에서 꺼낼 때 잘 빠지지 않으면 흐르는 물에 아이스 바 틀
을 잠시 댔다가 꺼내면 쉽게 빠진다.

포도 요구르트 빙수

포도 요구르트 p.185

🛒 **포도 요구르트 적당량, 거봉·청포도 3알씩**

01 삭은 볼이나 빙수 용기에 포도 요구르트를 부어 냉동실에서 반나절 정도 얼린다.

02 거봉은 4등분 하고 청포도는 반 자른다.

04 빙수 기계에 ①의 포도 요구르트 얼음을 넣어 갈아 그릇에 담고 그 위에 거봉과 청포도를 올려 장식한다.

+TIP 빙수 기계가 없은 때는 큰 볼에 포도 요구르트를 얼리고 큰 숟가락으로 긁거나 혹은 아이스큐브에 얼린 뒤 블렌더에 갈아 그릇에 담는다.

적양배추 파인애플 셔벗

적양배추 파인애플 오렌지 주스 p.37

🛒 **적양배추 파인애플 오렌지 주스 3컵**

01 사각 스테인리스스틸 용기에 적양배추 파인애플 오렌지 주스를 붓고 랩을 씌워 냉동실에서 2시간 정도 얼린다.

02 ①을 꺼내 뒤 포크나 수저로 긁고 다시 냉동고에 넣어 얼린다.

03 얼렸다가 포크로 긁는 과정을 1회 더 반복해 얼린다.

04 굵게 원한히 실민 숟가락으로 긁어 유리 볼에 담아낸다.

시트러스 얼음

트리플 시트러스 주스 p.165

 트리플 시트러스 주스·시판 오렌지 주스 적당량씩

01 아이스 큐브에 트리플 시트러스 주스를 부어 냉동실에서 반나절 정도 얼린다.

02 단단히 얼린 주스 얼음을 꺼내 유리컵에 담고 유리 피처에 오렌지 주스를 담아내 따라 마시거나 얼음이 담긴 컵에 주스를 붓는다.

+TIP 오렌지 주스를 시원하게 마시려고 얼음을 넣는데, 얼음이 녹으면 주스가 싱거워진다. 트리플 시트러스 주스를 얼려 넣으면 얼음이 녹아도 주스가 싱거워지지 않고 주스 맛도 한결 좋아진다.

키위 파인애플 탕수육 소스

키위 파인애플 귤 루콜라 주스 p.171

키위 파인애플 귤 루콜라 주스 1컵, 오렌지·레몬 1/4개씩, 녹말물 1/2컵, 꿀 1큰술, 간장 1작은술, 다진 마늘 1/2작은술, 소금 약간, 식용유 적당량

01 식용유를 약간 두른 팬에 다진 마늘을 볶다가 마늘 향이 오르면 오렌지와 레몬을 넣는다.

02 오렌지와 레몬을 살짝 볶다가 키위 파인애플 귤 루콜라 주스에서 루콜라를 뺀 주스와 꿀, 간장을 넣어 끓인다.

03 보글보글 끓어 오르기 시작하면 녹말물을 넣어 농도를 맞추고 간이 싱거우면 소금을 넣어 간한다.

04 그릇에 튀긴 탕수육을 담고 키위 파인애플 소스를 뿌린다.

+TIP 탕수육은 돼지고기를 청주와 소금, 후춧가루, 다진 마늘에 밑간해두었다가 밀가루와 전분을 섞은 튀김옷을 입히고 달걀물에 적셔 170℃의 튀김 기름에 2회 튀긴다.

라임 시트러스 드레싱 샐러드

라임 꿀 주스 p.157 / 트리플 시트러스 주스 p.165

토마토 맥주 칵테일

파프리카 토마토 주스 p.71

🍽 샐러드 채소 적당량, 라임 꿀 주스 · 트리플 시트러스 주스 ¼컵씩, 올리브 오일 2큰술, 꿀 1작은술, 소금 ¼작은술, 후춧가루 약간

01 라임 꿀 주스와 트리플 시트러스 주스를 섞고 올리브 오일과 꿀, 소금, 후춧가루를 넣은 뒤 작은 거품기를 이용해 올리브 오일이 잘 섞이도록 고루 섞어 드레싱을 만든다.

02 큰 볼에 샐러드 채소른 딤고 ①의 드레싱을 건들여 낸다.

+TIP 상큼한 라임 시트러스 드레싱은 고기 요리와 잘 어울린다. 샐러드에 오렌지 과육과 호두를 섞으면 샐러드의 맛도 살리고 영양도 높일 수 있다.

🍽 파프리카 토마토 주스 · 맥주 1컵씩

01 컵에 파프리카 토마토 주스를 붓는다.

02 ①에 맥주를 부어 고루 섞어 마신다.

+TIP 맥주에 토마토 주스를 섞은 맥주 칵테일 '레드 아이'를 응용했다. 톡 쏘는 맥주에 파프리카 토마토 주스를 섞으니 토마토만 섞을 때보다 파프리카 향이 살싹 너해셔 한결 시원한 맛. 핑크빛이 노은 토마토 맥주 칵테일은 가볍게 맥주 한 잔 즐기고 싶거나 맥주를 잘 마시지 못하는 사람이 마시기 좋다

가나다 순 찾아보기

GLOBAL ENERGY FOOD·JUICE

JUICE 주스

초판 1쇄 인쇄 2014년 7월 25일
초판 1쇄 발행 2014년 7월 31일

발행인 이웅현
발행처 (주)도서출판도도

상무 정지아
재무이사 최명희
디자인 이지은
기획·편집 김민경
홍보·마케팅 이인택, 차은영

요리·스타일링 김상영(noda+쿠킹스튜디오)
사진 정준택(fun studio)
진행 이채현
도움말·감수 이미남(이지쿡 대표, 청강문화산업대학교 겸임교수)
교정·교열 김지희
요리 어시스턴트 이보라, 조유미, 박영주

출판등록 제300-2012-212호
주소 서울시 중구 충무로 29 아시아미디어타워 503호
전자우편 dodo7788@hanmail.net
내용 및 판매문의 02)739-7656~9

Copyright ⓒ (주)도서출판도도

ISBN 979-11-85330-10-5

가족 위한 영양 간식

적양배추 파인애플 오렌지
레몬즙 꿀 물 p.37

토마토 레몬즙 소금 물 얼음 p.75

딸기 두유 꿀 얼음 p.91

천도복숭아 바나나
시금치 레몬 물 p.117

배 사과 바나나 비타민
레몬 물 p.141

배 딸기 산딸기 꿀 얼음 p.143

라임 꿀 따뜻한 물
찬물 얼음 p.157

파인애플 무 물 얼음 p.179

서봉 배 셀러리 민트
물 얼음 p.189

피로와 숙취 해소

브로콜리 사과 플레인 요구르트 우유 **p.27**

양배추 바나나 우유 **p.33**

셀러리 사과 물 얼음 **p.51**

양상추 토마토 꿀 레몬즙 물 얼음 **p.64**

딸기 식초 메이플 시럽 탄산수 얼음 **p.93**

수박 브로콜리 얼음 **p.137**

배 바나나 파슬리 물 **p.139**

감귤 홍시 셀러리 물 **p.159**

파인애플 셀러리 오렌지 농축액 물 얼음 **p.179**

피부 미용 & 여성 건강

브로콜리 키위 청포도
꿀 물 얼음 **p.25**

양배추 래디시 레몬즙
꿀 물 얼음 **p.31**

미나리 파슬리 파프리카
토마토 레몬즙 물 **p.43**

시금치 파인애플
오렌지 농축액 **p.53**

파프리카 토마토 꿀 물 **p.71**

바나나 피망 레몬즙 **p.127**

배 바나나 파슬리 물 **p.139**

오렌지 탄산수 얼음 **p.161**

레몬 민트 탄산수 얼음 **p.161**

아침 활력 & 식사 대용

브로콜리 오이 당근
오렌지 물 얼음 **p.29**

셀러리 바나나 자몽
물 얼음 **p.45**

토마토 오렌지
당근 레몬즙 **p.82**

딸기 바나나 우유 얼음 **p.95**

망고 두유 미숫가루
꿀 얼음 **p.107**

바나나 발효유 우유 얼음 **p.119**

키위 바나나 우유 **p.171**

파인애플 바나나
파프리카 레몬즙 **p.177**

파인애플 양상추
바나나 물 **p.181**